高等职业教育"十二五"规划教材

工程力学练习册

高 健 主编

李 颖 陈敏志 张 廉 副主编

科学出版社

北 京

内 容 简 介

本书为高健教授主编的水利类、土建类各专业通用教材《工程力学》的配套用书之一。

本练习册内容包括绪论，工程力学基础，平面力系的简化·平衡方程，平面图形的几何性质，杆件的内力分析，轴向拉伸和压缩的强度计算，扭转的强度和刚度计算，梁的强度和刚度计算，杆件在组合变形下的强度计算，压杆的稳定计算，平面体系的几何组成分析，静定结构的内力计算，静定结构的位移计算，用力法计算超静定结构，位移法和力矩分配法，影响线及其应用。

本练习册可作为高等职业院校、高等专科学校、成人高校、本科院校的二级职业技术学院、继续教育学院和民办高校的水利水电类、土建类、道桥、市政等专业《工程力学》教学的配套练习，以及专升本考前复习、自学辅导用书。

图书在版编目(CIP)数据

工程力学练习册/高健主编. —北京：科学出版社，2014
（高等职业教育"十二五"规划教材）
ISBN 978 - 7 - 03 - 040352 - 0

Ⅰ.①工… Ⅱ.①高… Ⅲ.①工程力学-高等职业教育-习题集 Ⅳ.①TB12 - 44

中国版本图书馆 CIP 数据核字（2014）第 065412 号

责任编辑：何舒民 杜 晓 李 欣/责任校对：刘玉靖
责任印制：吕春珉/封面设计：耕者设计工作室

科 学 出 版 社 出版
北京东黄城根北街 16 号
邮政编码：100717
http://www.sciencep.com

新科印刷有限公司 印刷

科学出版社发行　　各地新华书店经销

*

2014 年 6 月第 一 版　　开本：787×1092　1/16
2014 年 6 月第一次印刷　　印张：15 1/2
字数：177 000
定价：32.50
（如有印装质量问题，我社负责调换〈新科〉）
销售部电话 010-62134988　编辑部电话 010-62135763-2025（VT03）

前　言

　　高健教授主编的土建类、水利类专业通用教材《工程力学》是"十二五"职业教育国家规划教材。《工程力学练习册》是该教材的配套用书之一，该练习册紧扣教学要求，按照教材章节顺序编排，知识点分布均衡，题型丰富多样，难易配置适当，有助于学生复习巩固所学知识。考虑到学生的不同需求，本练习册分为基础部分与提高部分两大部分。该练习册设计成试卷样式，老师可要求学生直接上交其中某页练习，方便老师收作业和批改。

　　《工程力学练习册》包括绪论，工程力学基础，平面力系的简化·平衡方程，平面图形的几何性质，杆件的内力分析，轴向拉伸和压缩的强度计算，扭转的强度和刚度计算，梁的强度和刚度计算，二向应力状态下的强度条件——强度理论，杆件在组合变形下的强度计算，压杆的稳定计算，平面体系的几何组成分析，静定结构的内力计算，静定结构的位移计算，用力法计算超静定结构，位移法和力矩分配法，影响级及其应用等内容。

　　《工程力学练习册》由浙江水利水电学院高健教授担任主编，李颖、陈敏志和张廉担任副主编，参加编写的还有郑州理工职业学院的邵天海、长春科技学院的崔业盛。

目　录

第 1 章　绪　　论

班级_____学号_____姓名_____

1. 叙述刚体、变形固体的概念。

4. 刚结点、铰结点的特点是什么？

2. 理想变形固体有哪些基本假设？

5. 从哪些方面简化、考虑计算简图的选取？

3. 叙述工程力学的研究对象；叙述杆件几何特征和主要几何因素。

1

第2章 工程力学基础

基础部分

一、填空题

班级_____ 学号_____ 姓名_____

1. 如下图所示，AB 杆自重不计，在五个已知力作用下处于平衡，则作用于 B 点的四个力的合力 $\mathbf{F}_R$ 的大小 $F_R =$ _____，方向_____。

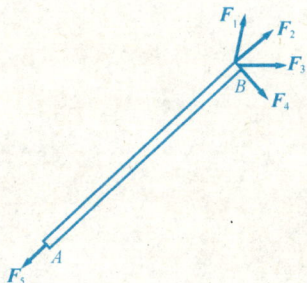

2. 力对物体的作用效应一般分为外效应和内效应，平衡力系对刚体的作用效应为_____。

3. 力的三要素为：_____、_____和_____。

4. 二力平衡中的"两力"和作用与反作用中的"两力"，其共同点是：_____、_____。但两者有着本质的差别，前者两力作用于同一个物体，后者两力分别作用于不同的物体。

5. 如果两个平面力偶是等效力偶，则此两力偶必有_____、_____。

6. 力偶是大小_____、方向_____、作用线_____的两个平行力，记作 (F, F')，它使物体产生转动效应。

7. 平面力偶系合力偶矩 $M =$ _____。

8. 力偶_____与一个力等效，也_____被一个力平衡。

9. 力 $\mathbf{F}$ 对 O 点之矩 $M_O(F) = \pm Fh$，当 $F \neq 0$ 时，若 $M_O(F) = 0$，则必有_____，此时力 $\mathbf{F}$ 的作用线必_____。

10. 如下图所示结构，由 AB 和 CD 两杆组成，A、C、D 为铰，CD 杆属于_____杆件，C 处的约束反力方向为_____。

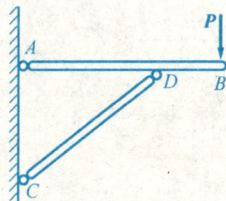

11. 一物体受到共面而不平行的三个力作用处于平衡，则此三力必_____。如下图所示刚架在 P 力与两个支座反力共同作用下处于平衡，则有 $F_A =$ _____，$F_B =$ _____。

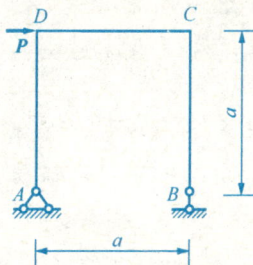

二、选择题

班级_____ 学号_____ 姓名_____

1. 绳索、皮带、链条等构成的约束称为柔性约束，其约束反力是（　　）。
   - A. 拉力
   - B. 压力
   - C. 等于零
   - D. 拉力和压力均可

2. 根据力的可传性原理，力可以在作用线上移动而不改变它对物体的作用，这个原理仅适用于（　　）。
   - A. 物体的外效应
   - B. 物体的内效应
   - C. 物体的内、外效应
   - D. 固体材料

3. 下图所示的受力分析当中，F_G 是地球对物体 A 的引力，F_T 是绳子受到的拉力，作用力与反作用力指的是（　　）。
   - A. F_T' 与 F_G
   - B. F_T 与 F_G
   - C. F_G 与 F_G'
   - D. F_T' 与 F_G'

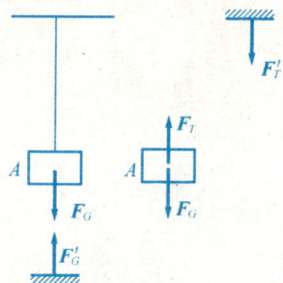

4. 下图所示四个力偶中，（　　）是等效的。

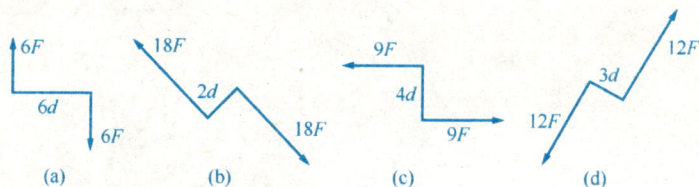

（a）　　　　（b）　　　　（c）　　　　（d）

   - A. （a）与（b）
   - B. （b）与（c）
   - C. （c）与（d）
   - D. （a）与（b）与（c）与（d）

5. 将下图（a）中的力偶 m 移至图（b）的位置，则（　　）。
   - A. A、B、C 处约束反力都不变
   - B. A 处反力改变，B、C 处反力不变
   - C. A、C 反力不变，B 处反力改变
   - D. A、B、C 处反力都要改变

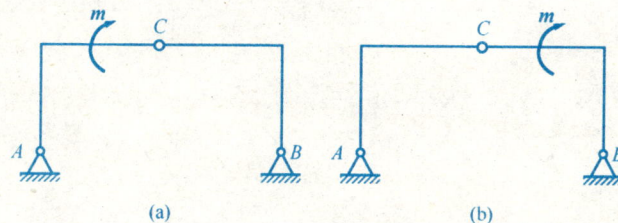

（a）　　　　　　　　（b）

3

三、绘图题

1. 画出如图所示物体的受力图。未画重力的物体的重量均不计，所有接触处都为光滑接触。

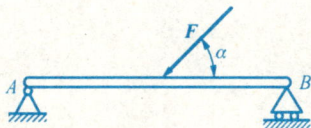

(a)

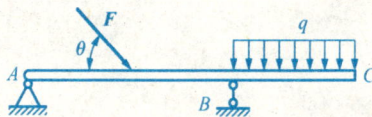

(b)

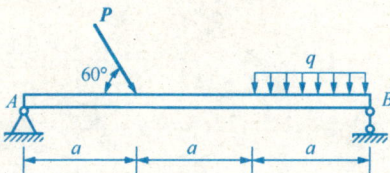

(c)

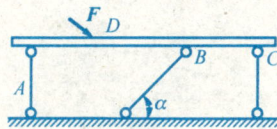

(d)

2. 画图示各指定物体的受力图。未画重力的物体重量均不计，所有接触处的摩擦均不计。

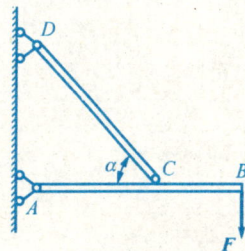

(a) AB杆

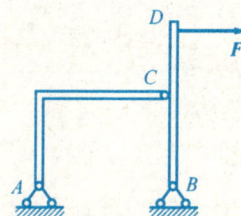

(b) BD杆

3. 图示组合梁，由 AB 和 BC 两段组成，B 为中间铰，支座情况如图所示。试画出梁 AB、BC 及整体梁的受力图。

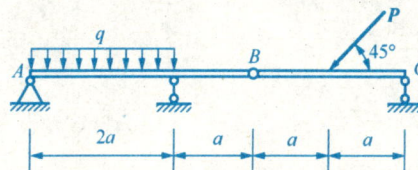

四、计算题

1. 计算图示中力 F 对 O 点之矩。

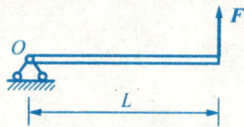

(a)

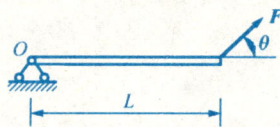

(b)

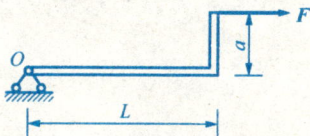

(c)

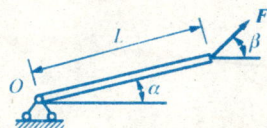

(d)

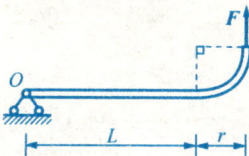

(e)

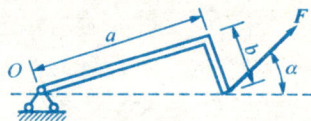

(f)

2. 已知 $F_1 = 100N$，$F_2 = 150N$，$F_3 = F_4 = 200N$，各力的方向如图所示。试分别求出各力在 x 轴和 y 轴上的投影。

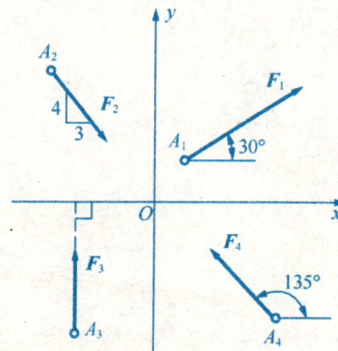

提 高 部 分

一、绘图题

1. 图示三铰刚架，不考虑自重，分别画出左半部 *AB* 和右半部 *BC* 以及整体的受力图。

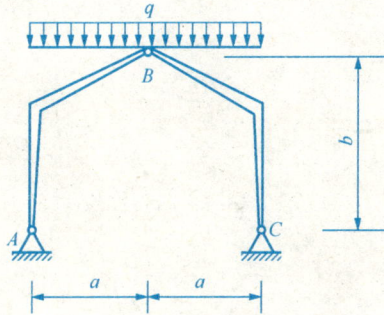

2. 如图示一排水孔闸门的计算简图。闸门重为 F_G，作用于其重心 *C*。F 为闸门所受的总水压力，F_T 为启门力。试画出：
   (1) F_T 不够大，未能启动闸门时，闸门的受力图。
   (2) 力 F_T 刚好将闸门启动时，闸门的受力图。

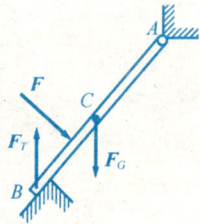

3. 如图所示，一重为 F_{G1} 的起重机停放在两跨梁上，被起重物体重为 F_{G2}。试分别画出起重机、梁 *AC* 和 *CD* 的受力图。梁的自重不计。

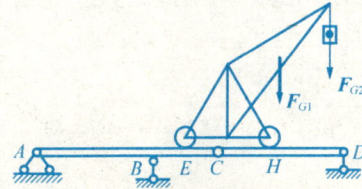

4. 挖掘机的简图如图所示。Ⅰ、Ⅱ、Ⅲ为液压活塞，*A*、*B*、*C* 处均为铰链约束。挖斗重 *W*，*AB*、*BC* 部分分别重 W_1、W_2。试分别画出挖斗、*AB*、*BC* 三部分的受力图。

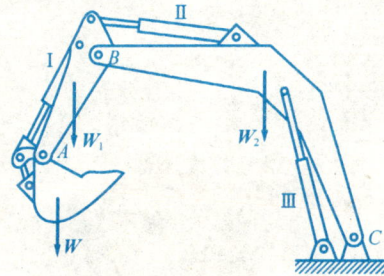

二、计算题

1. 如图所示，两水池由闸门板分开，闸门板与水平面成 60°角，板长 2.4m。右池无水，左池总水压力 **F** 垂直于板作用于 C 点，**F**$_T$ 为启门力。试写出两力对 A 点之矩计算式。

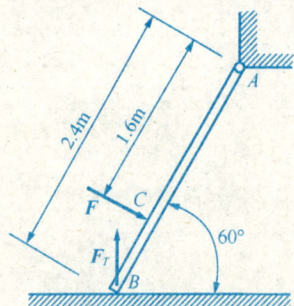

2. 挡土墙如图所示，已知单位长墙重 **F**$_G$＝95kN。墙背土压力 **F**＝66.7kN。试计算各力对前趾点 A 的力矩，并判断墙是否会倾倒。

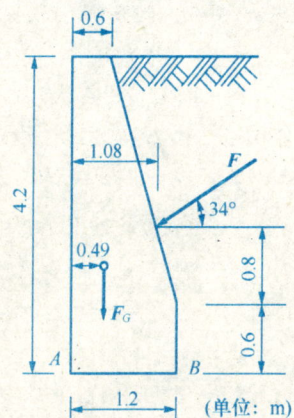

第 3 章　平面力系的简化·平衡方程

基 础 部 分

一、填空题

班级_____学号_____姓名_____

1. 力的平移定理表明，作用在物体上的力 F 可以平移到物体上的任一点 O，但必须附加一个_____，其_____的大小等于力 F 对 O 点之矩。

2. 平面一般力系向一点简化结果，得到一个_____，一个_____。如果物体处于平衡状态，则有_____。

3. 平面汇交力系平衡的几何条件是_____；解析条件是_____。

4. 作用在刚体上的三个力使刚体处于平衡状态，其中有两个力的作用线交于一点，第三个力的作用线_____，且这三个力作用线分布在_____。

5. 平面一般力系平衡的必要与充分条件的解析表达式为_____、_____、_____。

6. 当整个物体系统处于平衡时，系统中的每一物体_____。若有一物体系统由两个承受平面一般力系和一个承受平面平行力系的物体组成，则有_____个独立平衡方程，可解个未知量。

7. 摩擦力的方向与两个物体相对滑动趋势的方向_____，静摩擦力 F 的大小变化范围是_____，其中 $F_{max} =$ _____。

8. 摩擦角 φ_m 是摩擦力达到_____时的_____与_____之间的夹角。

二、选择题

1. 由 F_1、F_2、F_3 和 F_4 构成的力系多边形如下图所示，其中代表合力的是（　　）。

   A. F_1　　　　　B. F_4　　　　　C. F_2　　　　　D. F_3

   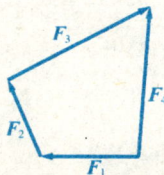

2. 在物体上作用着两个力偶（F_1，F_1'）和（F_2，F_2'）如下图所示，其力多边形闭合，则合力和合力偶矩为（　　）。

   A. 合力＝0，合力偶矩＝0

   B. 合力＝F_1＋F_2，合力偶矩＝F_1d_1＋F_2d_2

   C. 合力等于零，合力偶矩＝F_1d_1＋F_2d_2

   D. 合力＝$\sqrt{F_1^2+F_2^2}$，合力偶矩＝$\sqrt{(F_1d_1)^2+(F_2d_2)^2}$

   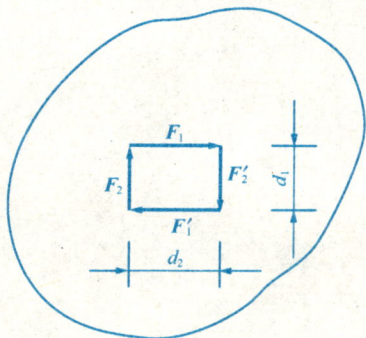

3. 力的平移定理是指作用在物体上的力 P，可以平移到该物体上的任一点，只要加一个附加力偶就可以了。如下图所示组合梁，若把力 P 分别移到 A、B、C、D 四点，指出平移定理不适用的点是（　　）。

   A. A 点　　　　B. B 点　　　　C. C 点　　　　D. D 点

4. 若某力在某轴上的投影绝对值等于该力的大小，则该力在另一任意共面轴上的投影为（　　）。

   A. 也等于该力的大小　　　　B. 一定等于零

   C. 不一定等于零　　　　　　D. 一定不等于零

5. 如下图所示，已知一物块重 $P＝100N$，用 $Q＝500N$ 的力压在一铅直表面上，其摩擦因数 $f＝0.3$，物块所受的摩擦力应为（　　）。

   A. $F＝0$　　　　　　　　　B. $F＝150N$

   C. $F＝100N$　　　　　　　D. $F＝120N$

   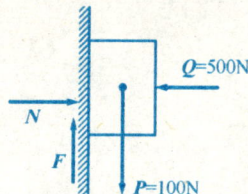

三、计算题

1. 图示外伸梁,在 $q=800\text{N/m}$ 的均布荷载作用下,试求支座反力。

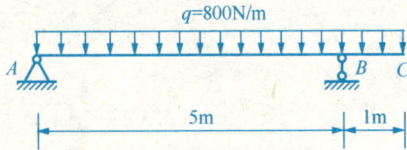

$q=800\text{N/m}$

A — B — C

5m | 1m

2. 试求图示各梁的支座反力。

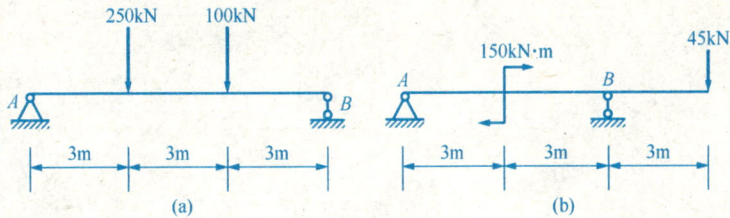

250kN 100kN

A — B

3m | 3m | 3m

(a)

150kN·m 45kN

A — B

3m | 3m | 3m

(b)

3. 试求图示静定梁的支座反力。

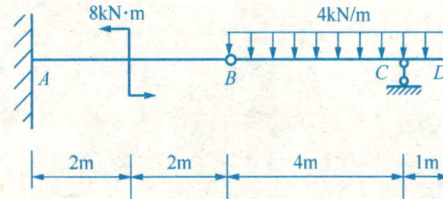

8kN·m 4kN/m

A — B — C — D

2m | 2m | 4m | 1m

4. 求图示多跨静定梁的支座反力。

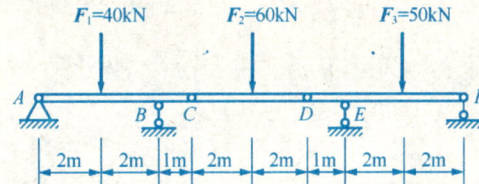

$F_1=40\text{kN}$ $F_2=60\text{kN}$ $F_3=50\text{kN}$

A — B C — D E — H

2m | 2m | 1m | 2m | 2m | 1m | 2m | 2m

5. 一个桥梁桁架所受荷载如图所示，求支座 A、B 的反力。

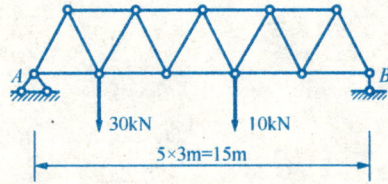

6. 求图示三铰构架的支座反力。

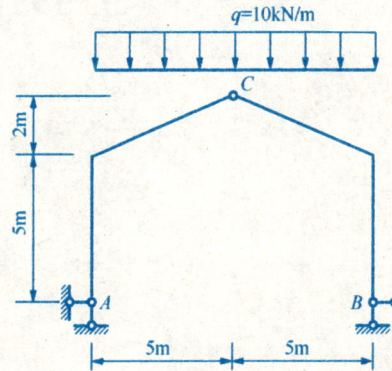

计算题

1. 图示露天厂房的牛腿柱底部用混凝土砂浆与基础固结在一起。若已知吊车梁传来的铅垂力 $P=60\text{kN}$，风压集度 $q=2\text{kN/m}$，$e=0.7\text{m}$，$h=10\text{m}$。试求柱底部的反力。

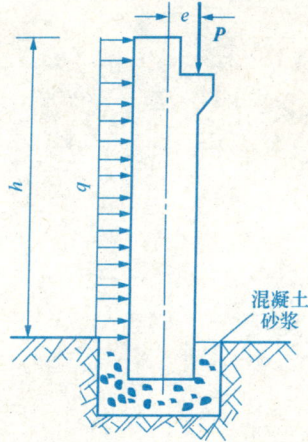

2. 混凝土坝横断面如图所示。坝高 50m，底宽 44m，水深 45m，设水的容重 $\gamma_1=10\text{kN/m}^3$，混凝土的容重 $\gamma_2=20\text{kN/m}^3$，坝与地面的静摩擦系数 $f=0.6$。

   试问：（1）此坝能否防止滑动？

   （2）此坝能否防止绕 B 点的倾覆？

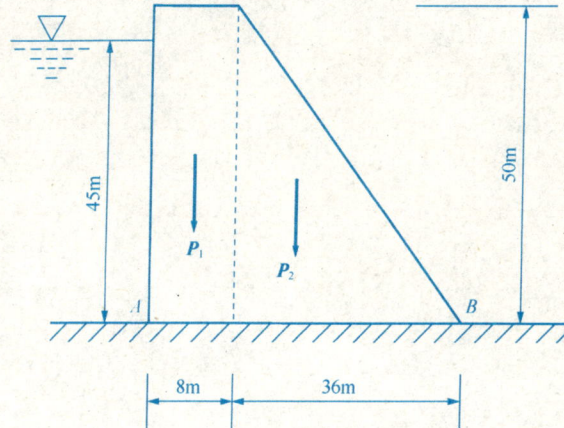

12

3. 图示结构由三个构件 AB、BD 及 DE 构成，A 端为固定端约束，B 及 D 处用光滑圆柱铰链连接，BD 杆的中间支承 C 及 E 端均为可动铰链支座。已知集中荷载 $P=10$kN，均布载荷的集度 $q=5$kB/m，力偶矩大小 $m=30$kN·m，各杆自重不计。试求 A、C 及 E 处的约束反力。

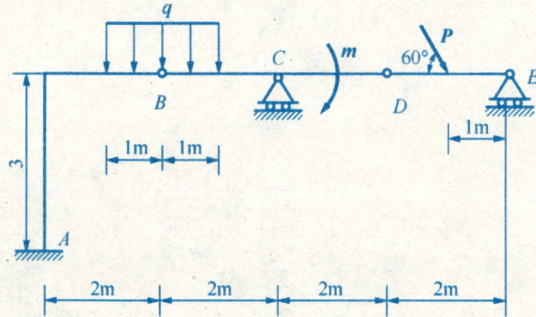

4. 如图所示为一拔桩架，AC、CB 和 DC、DE 均为绳索。在 D 点用力 F 向下拉时，即有较力 F 大若干倍的力将桩向上拔。若 AC 和 CD 各为铅垂和水平，CB 和 DE 各与铅垂和水平方向成角 $\alpha=4°$，$F=400$N，试求桩顶 A 所受的拉力。

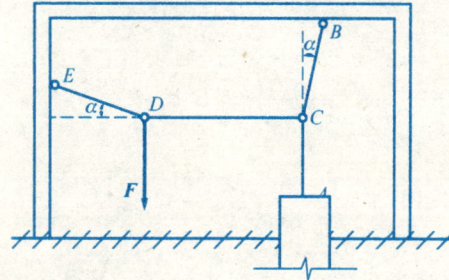

13

5. 如图所示，杆 *AB* 和 *CD* 的 *A* 端和 *D* 端均为固定铰支座，两杆在 *C* 处为光滑接触，*CD*＝*l*，且两杆重量不计。在 *AB* 杆上作用有已知的力偶矩为 M_1 的力偶，为保持系统在如图所示位置平衡，在 *CD* 上作用的力偶矩为 M_2 的力偶应满足什么条件？并求此时 *A*、*C*、*D* 处的反力。

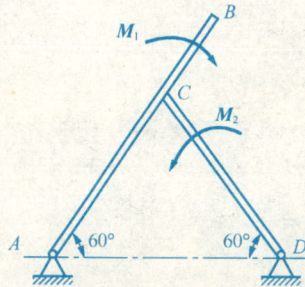

6. 多跨梁由 *AB* 和 *BC* 用铰链 *B* 连接而成，支承、跨度及荷载如图所示。已知 *q*＝10kN/m，*M*＝40kN·m。不计梁的自重，求固定端 *A* 及支座 *C* 处的约束反力。

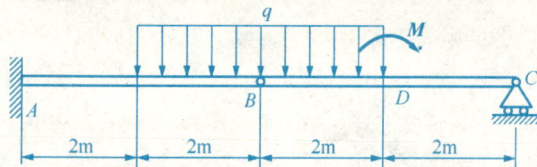

7. 如图所示三铰拱，求其支座 *A*、*B* 的反力及铰链 *C* 的约束反力。

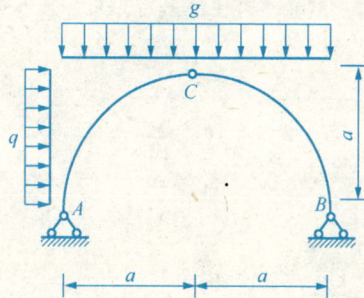

8. 一升降混凝土吊斗的简易装置如图所示。已知混凝土和吊斗共重 F_G＝25kN，吊斗和滑道间的静摩擦系数 f_s＝0.3。试求出吊斗静止在滑道上时，绳子拉力 F_T 的大小范围。

14

第4章　平面图形的几何性质

基 础 部 分

一、填空题

1. Ⅱ形 T 截面尺寸如下图所示，y_1、z_1 为参考坐标轴，其形心位置 $y_c =$ _____ ，$z_c =$ _____

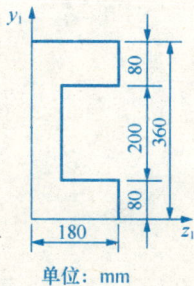

单位：mm

2. 在惯性矩的平行移轴公式 $I_{y_1} = I_y + a^2 A$ 中，y 轴应为_____；y_1 轴与 y 轴应_____。

3. 已知如下图所示圆截面对圆心的极惯性矩 $I_p = 240 \text{cm}^4$，那么 $I_y =$ _____，$I_z =$ _____。

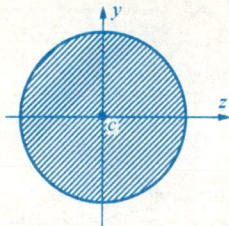

4. 在截面对于所有形心轴的惯性矩中，形心主惯性矩是_____值。

5. 在下图所示的截面图形中，已知 l 直线以上部分Ⅰ对形心轴 z 的静矩为 $S_{zⅠ} = 300 \text{cm}^3$，那么 l 直线以下部分Ⅱ对 z 轴的静矩 $S_{zⅡ} =$ _____。

6. 截面图形及其坐标轴如下图所示，则截面的惯性矩 $I_y =$ _____，$I_z =$ _____。

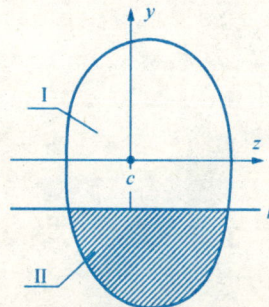

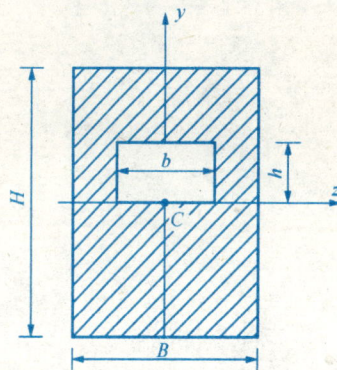

15

二、选择题

1. 截面静矩的量纲是（　　）。
   A. 长度　　　　　　　　　B. 长度的二次方
   C. 长度的三次方　　　　　D. 长度的四次方

2. 截面的惯性矩和极惯性矩的量纲是（　　）。
   A. 长度　　　　　　　　　B. 长度的二次方
   C. 长度的三次方　　　　　D. 长度的四次方

3. 惯性矩和极惯性矩的取值可能是（　　）。
   A. 大于或等于零　　　　　B. 恒为正值
   C. 恒为负值　　　　　　　D. 可正、可负也可为零

4. 如下图所示半圆截面对于 z，y 轴的惯性矩和静矩分别为 I_z，I_y，S_z，S_y，则下列结论正确的是（　　）。
   A. $I_z=\dfrac{\pi d^4}{128}$　　　　　B. $I_y=\dfrac{\pi d^4}{128}$
   C. $S_y=0$　　　　　　　D. $S_z=0$

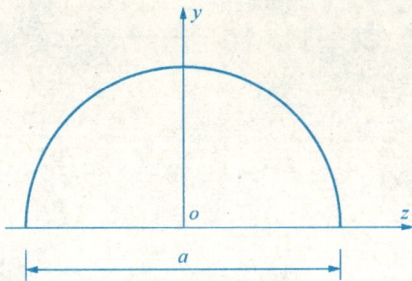

5. 截面静矩的取值情况是（　　）。
   A. 恒大于零　　　　　　　B. 恒为负值
   C. 恒等于零　　　　　　　D. 可能为正，为负或为零

6. 若截面关于一对正交坐标轴的惯性积等于零，则这一对正交坐标轴必为（　　）。
   A. 形心轴　　　　　　　　B. 主惯性轴
   C. 对称轴　　　　　　　　D. 形心主轴

7. 如下图所示四种截面形状①、②、③、④，它们关于 z 轴的惯性矩分别为 I_{z1}、I_{z2}、I_{z3}、I_{z4}。那么下列关系正确的是（　　）。
   A. $I_{z1}>I_{z4}>I_{z3}>I_{z2}$　　　　B. $I_{z1}=I_{z2}=I_{z3}=I_{z4}$
   C. $I_{z1}=I_{z2}>I_{z3}=I_{z4}$　　　　D. $I_{z1}=I_{z4}>I_{z2}=I_{z3}$

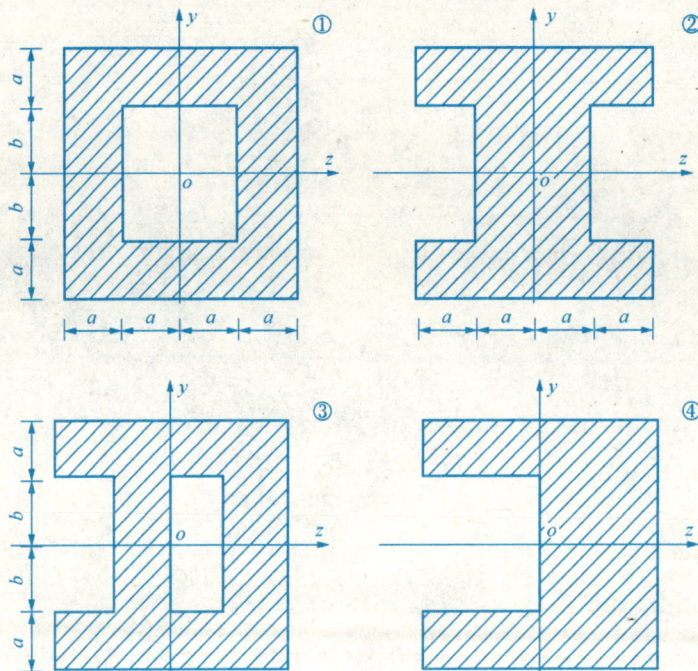

班级_____ 学号_____ 姓名_____

1. 试求如图所示平面图形的形心（除图上有注明尺寸单位外，其他尺寸单位是 mm）。

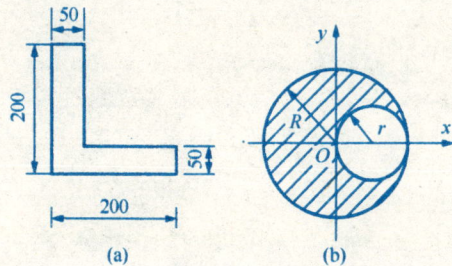

(a)　　　(b)

2. 确定图示图形的形心位置，并求对 y、z 轴的面积矩。

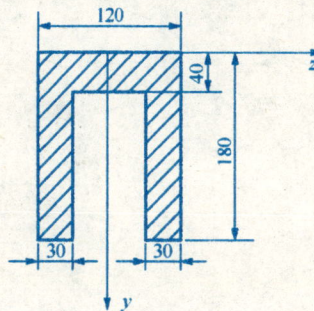

3. 确定图示截面的形心位置，并计算截面对形心主轴 z 的惯性矩 I_z。（单位：mm）。

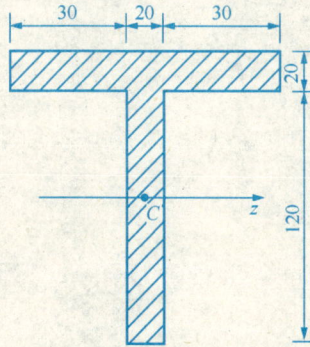

4. 求图示截面的形心主惯性矩 I_z。（单位：mm）。

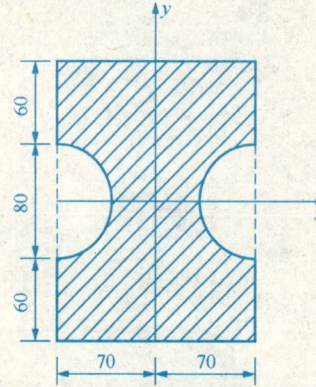

提 高 部 分

计算题

班级_____ 学号_____ 姓名_____

1. 键槽圆轴截面尺寸如图所示，求它对 z 轴的惯性矩 I_z。

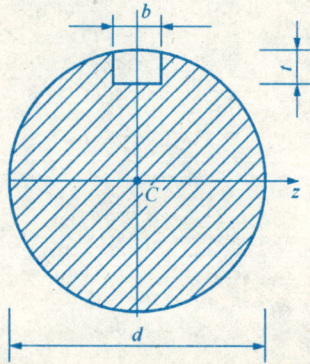

2. 如图所示由两个 20a 槽钢组成的组合截面，如欲使此截面对两个对称轴的惯性矩 $I_z = I_y$，则两槽钢的间距 a 应为多少？

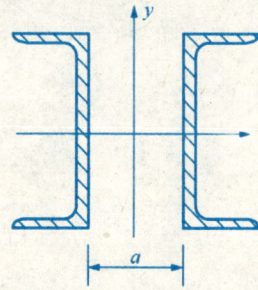

3. 试计算如图所示组合截面对形心轴 y、z 的惯性矩，图中尺寸单位为 mm。

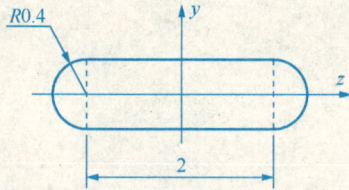

4. 试求图示平面图形的形心坐标及对形心轴的惯性矩。

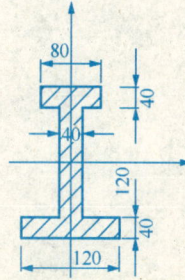

第5章 杆件的内力分析

基 础 部 分

一、填空题

1. 轴力杆受载如下图所示，此杆处于平衡状态，$P=$_____，截面1—1和2—2上的内力分别为 $F_{N1}=$_____，$F_{N2}=$_____。

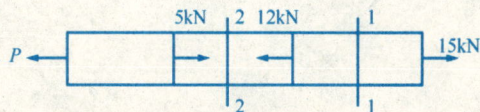

2. 如下图所示，一传动轴上装有五个轮子，主动轮2输入的功率为60kW，从动轮1、3、4、5依次输出18kW、12kW、22kW 和8kW，轴的转速 $n=200$r/min。截面Ⅰ—Ⅰ的扭矩 $T_1=$_____，截面Ⅱ—Ⅱ的扭矩 $T_2=$_____。

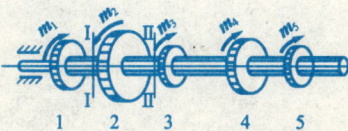

3. 静定单跨梁的三种基本形式是_____梁_____梁和_____梁。

二、选择题

1. 变截面杆如下图所示，设 F_{N1}，F_{N2}，F_{N3} 分别表示杆件中截面 1—1、2—2、3—3 上的内力，则下列结论正确的是（   ）。

   A. $F_{N1} \neq F_{N2} \neq F_{N3}$ B. $F_{N1} = F_{N2} > F_{N3}$

   C. $F_{N1} = F_{N2} = F_{N3}$ D. $F_{N1} = F_{N2} < F_{N3}$

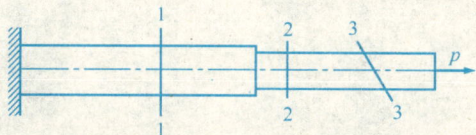

2. 下图中（a）梁的最大弯矩是（b）梁的最大弯矩的（   ）倍。

   A. 2   B. 3

   C. 4   D. 8

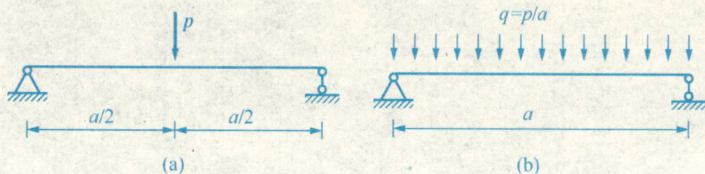

(a)   (b)

3. 如下图所示圆轴，受到 $m_1 = 4$ kM·m、$m_2 = m_3 = 1$ kM·m、$m_4 = 2$ kM·m 作用。将 m_1 布置在边上是不合理的，为使轴内的最大扭矩最小，m_1 应与（   ）外力偶位置对调。

   A. m_2 B. m_3 C. m_4 D. 不必换

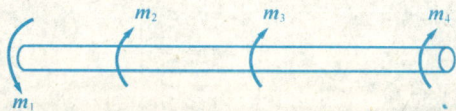

4. 如下图所示圆轴，将 C 截面截开，对于左右两个分离体，截面 C 上的扭矩分别用 M_n 和 M'_n，则下列结论正确的是（   ）。

   A. M_n 为正，M'_n 为负

   B. M_n 和 M'_n 均为负

   C. M_n 和 M'_n 均为正

   D. M_n 为负，M'_n 为正

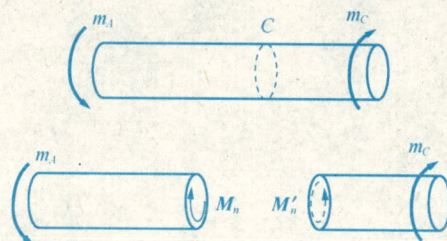

5. 纯弯曲梁段的横截面内力有（   ）。

   A. M 和 F_Q B. F_Q 和 F_N C. M 和 F_N D. 只有 M

6. 简支梁的四种受载情况如下图所示，设 M_1、M_2、M_3、M_4 分别表示梁①、②、③、④中的最大弯矩，则它们之间的关系是（   ）。

   A. $M_1 > M_2 = M_3 > M_4$ B. $M_1 > M_2 > M_3 > M_4$

   C. $M_1 > M_2 > M_3 = M_4$ D. $M_1 = M_2 = M_3 = M_4$

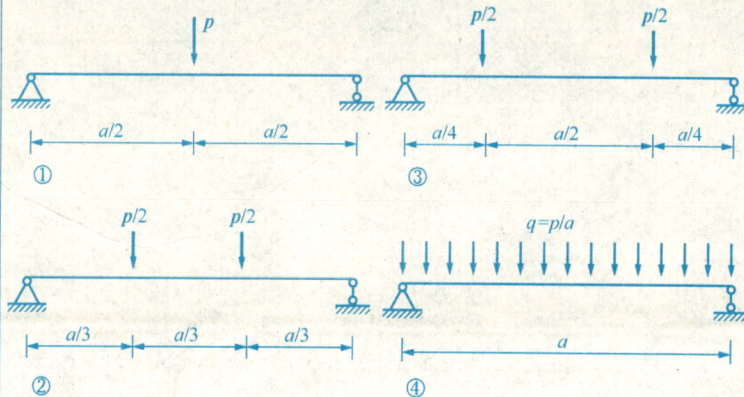

①   ③

②   ④

三、作图题

班级_____ 学号_____ 姓名_____

1. 作图示各拉压杆的轴力图。

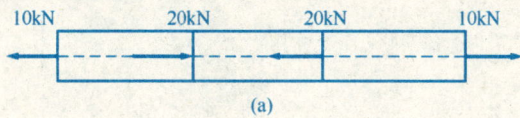

(a)

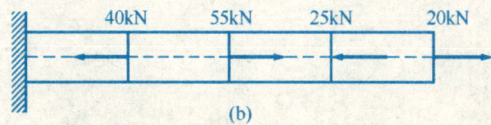

(b)

2. 作图示各拉压杆的扭矩图。

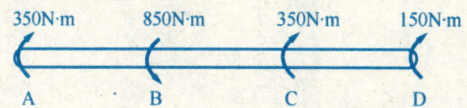

23

3. 求如图所示各梁指定截面的剪刀和弯矩。

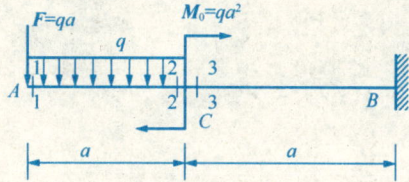

$F=qa$　$M_0=qa^2$

q

A　B

a　a

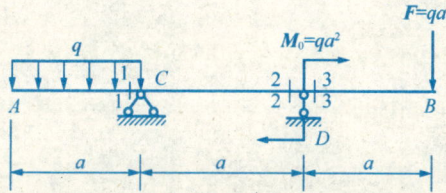

q　$M_0=qa^2$　$F=qa$

A　C　D　B

a　a　a

4. 绘制图示各梁的弯矩图和剪刀图。

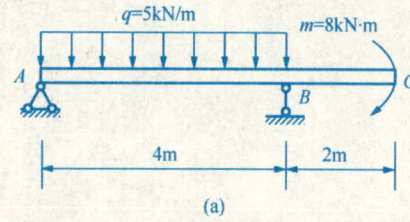

$q=5\text{kN/m}$　$m=8\text{kN·m}$

A　B　C

4m　2m

(a)

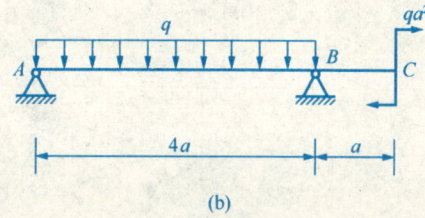

q　qa^2

A　B　C

$4a$　a

(b)

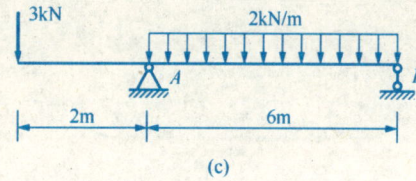

3kN　2kN/m

A　B

2m　6m

(c)

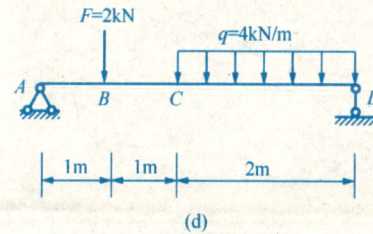

$F=2\text{kN}$　$q=4\text{kN/m}$

A　B　C　D

1m　1m　2m

(d)

24

5. 已知外伸梁的剪刀图，求荷载图和弯矩图（梁上无集中力偶）。

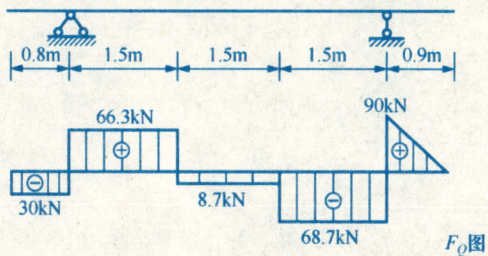

F_Q图

6. 试用叠加法绘制如图所示各梁的弯矩图。

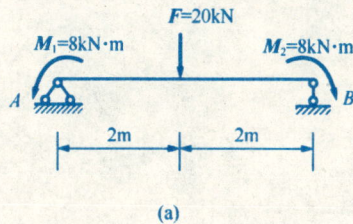

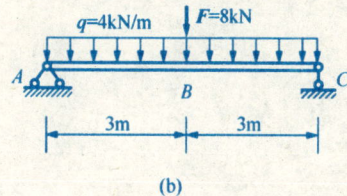

(a)

(b)

7. 试用区段叠加法绘制如图所示各梁的弯矩图。

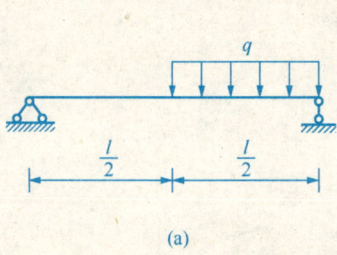

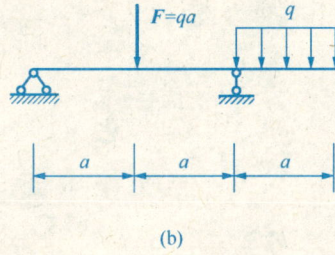

(a)

(b)

作图题

班级＿＿＿＿＿ 学号＿＿＿＿＿ 姓名＿＿＿＿＿

用简捷法绘制如图所示各梁的内力图，并确定 $|F_{Qmax}|$ 、$|M_{max}|$ 。

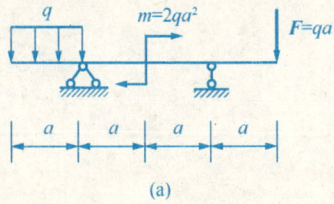

(a)

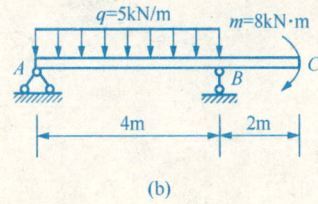

(b)

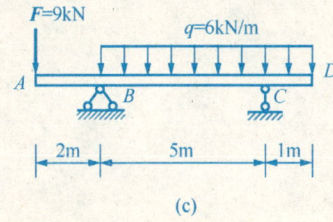

(c)

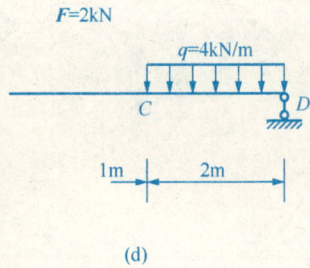

(d)

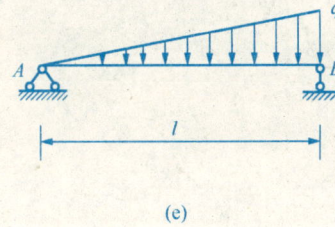

(e)

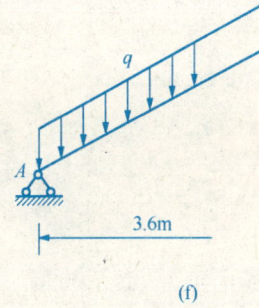

(f)

第6章 轴向拉伸和压缩的强度计算

基础部分

一、填空题

1. 构件安全工作的基本要求是构件要具有足够的_____，_____，_____。

2. 如下图所示四种材料的应力-应变曲线，则：
   (1) 弹性模量最大的材料是_____。
   (2) 强度最高的材料是_____。
   (3) 塑性性能最好的材料是_____。

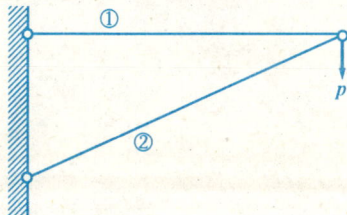

3. 拉压杆中某点的最大正应力发生在_____截面上，最大切应力发生在_____截面上。

4. 现有铸铁和钢两种材料，在下图所示结构中①杆选_____，②杆选_____比较合理。

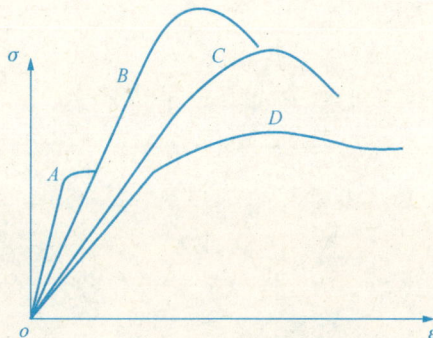

5. 拉伸和压缩的胡克定律有两种表达形式：一种以变形和力的形式表示，公式为_____；另一种以应力和应变的形式表示，公式为_____。

6. 材料的弹性模量 E，反映了材料_____能力，它与构件的尺寸及构件所受外力_____关。

7. 工程上规定，塑性材料的延伸率 δ_____，脆性材料的延伸率 δ_____。

8. 极限应力 σ^0 是材料_____时对应的应力。塑性材料的极限应力是_____，脆性材料的极限应力是_____。

9. 拉伸和压缩时的强度条件是：$\sigma_{max} = \dfrac{F_{Nmax}}{A} \leqslant [\sigma]$，运用强度条件，可以解决_____、_____、_____三类强度问题。

10. 低碳钢在屈服阶段呈现应力_____，而应变现象；冷作硬化现象使材料的比例极限_____，而塑性_____。

11. 如下图所示销钉受拉力 P 作用，其钉头直径为 D，高度为 h，钉杆直径为 d。由图可知，剪切面面积为_____，挤压面面积为_____。

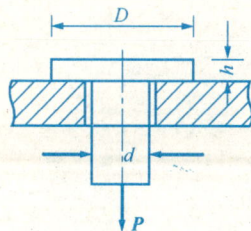

28

班级_____学号_____姓名_____

12. 如下图所示，两钢板用圆锥销联接，则其剪切面面积为_____，计算挤压面面积为_____。

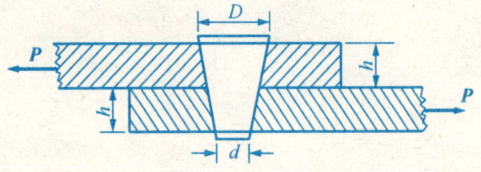

13. 如下图所示面积为所示木接头，左、右两部分的形状和尺寸相同。其剪切面面积为_____，挤压面面积为_____。

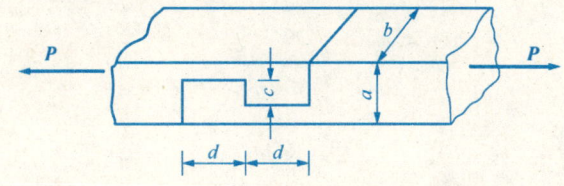

29

二、选择题

1. 所谓强度，是指构件抵抗（   ）能力。
   A. 变形   B. 扭转   C. 破坏   D. 弯曲

2. 若两等直杆的横截面面积为 A，长度为 l，两端所受轴向拉力均相同，但材料不同，那么下列结论正确的是（   ）。
   A. 两者轴力相同应力相同   B. 两者应变和伸长量相同
   C. 两者变形相同   D. 两者刚度不同

3. 钢材经过冷作硬化处理后，其性能的变化是（   ）。
   A. 比例极限提高，塑性变形能力降低
   B. 弹性模量降低
   C. 比例极限降低，塑性变形能力降低
   D. 延伸率提高

4. 等截面直杆承受拉力 P 作用，若选用三种不同的截面形状：圆形、正方形、空心圆，比较材料用量，则（   ）。
   A. 正方形截面最省料   B. 圆形截面最省料
   C. 空心圆截面最省料   D. 三者用料相同

5. 轴向受拉杆的变形特征是（   ）。
   A. 轴向伸长横向缩短
   B. 横向伸长轴向缩短
   C. 轴向伸长横向伸长
   D. 横向线应变 ε' 与轴向线应变 ε 的关系是 $\varepsilon' = \mu\varepsilon$

6. 材料安全正常地工作时容许承受的最大应力值是（   ）。
   A. σ_p B. σ_s C. σ_b D. $[\sigma]$

7. σ_p、σ_s 和 σ_b 几分别代表材料的比例极限、屈服极限和强度极限。铸铁是脆性材料，它的强度指标为（   ）。
   A. σ_p B. σ_s C. σ_b D. $\dfrac{\sigma_s + \sigma_b}{2}$

8. 长度、横截面和轴向拉力相同的钢杆与铝杆的关系是两者的（   ）。
   A. 容许荷载相同   B. 应力相同
   C. 轴向伸长量相同   D. 轴向线应变相同

9. 如下图所示轴力杆，设斜截面 m—m 的面积为 A，则 P/A 应为（   ）。
   A. 斜截面上的正应力   B. 斜截面上的切应力
   C. 斜截面上的总应力   D. 横截面上的正应力

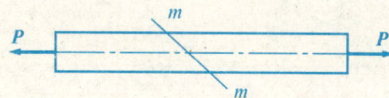

三、计算题

班级_____ 学号_____ 姓名_____

1. 图示等截面杆件，已知：$E=200$GPa，$A=4$cm^2。

求：（1）作杆的轴力图；（2）最大正应力 σ_{max}；（3）最大线应变 ε_{max}；（4）杆的总变形 ΔL_{AD}。

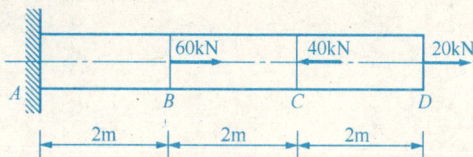

2. 图示结构中，AB 杆为直径 $d=25$mm 的钢杆，$[\sigma_1]=170$MPa，AC 杆是木杆，$[\sigma_2]=10$MPa，试校核 AB 杆的强度，并确定 AC 杆的横截面积。

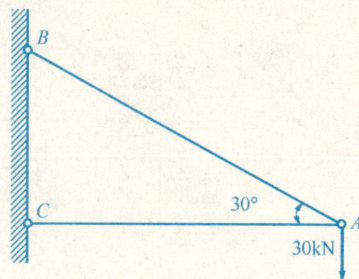

31

3. 在图示支架中，AB 杆为圆钢杆，$d=16$mm；$[\sigma_1]=160$MPa；BC 杆为木杆，横截面积为 100mm$\times100$mm，$[\sigma_2]=4.5$MPa，试求容许荷载。

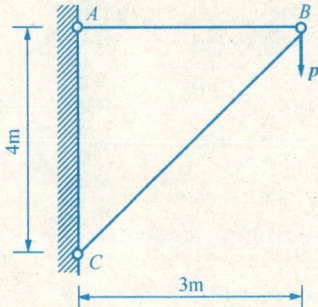

4. 如图所示为一吊桥结构，试求钢拉杆 AB 所需横截面面积 A。已知钢材的许用应力 $[\sigma]=170$MPa。

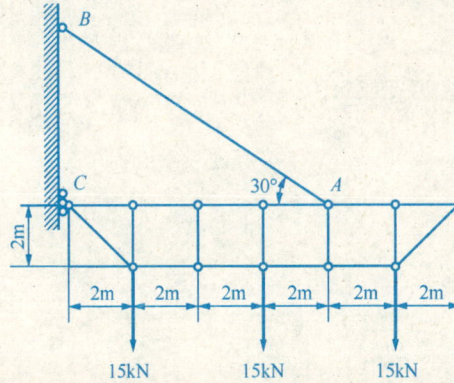

5. 如图所示，两块厚度为 10mm 的钢板，用两个直径为 17mm 的铆钉搭接在一起，钢板受拉力 $F=60$kN。已知 $[\tau]=140$MPa，$[\sigma_{bs}]=280$MPa，$[\sigma]=160$MPa。试校核该铆接件的强度（假定每个铆钉的受力相等）。

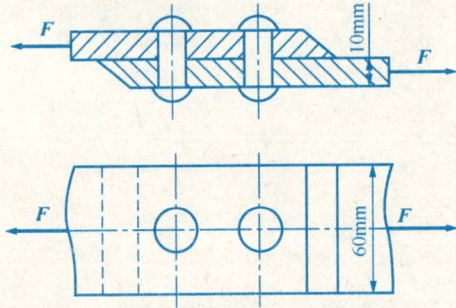

6. 一矩形截面的木拉杆接头如图所示。已知轴向拉力 $F=40$kN，截面宽度 $b=250$mm。木材的许用挤压应力 $[\sigma_{bs}]=10$MPa，许用切应力 $[\tau]=1$MPa。求接头处所需尺寸 l 和 a。

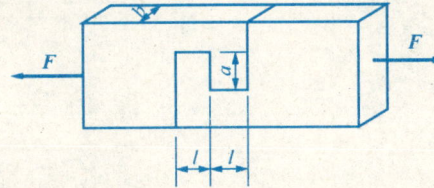

计算题

班级_____ 学号_____ 姓名_____

1. 图示结构中，水平杆 CD 为刚性杆，AB 为钢杆，其直径 $d=20\text{mm}$，弹性横量 $E=2\times10^5\text{MPa}$，许用应力 $[\sigma]=170\text{MPa}$。求：①结构的许可载荷 $[P]$；②在 $[P]$ 作用下，D 点的铅垂位移。

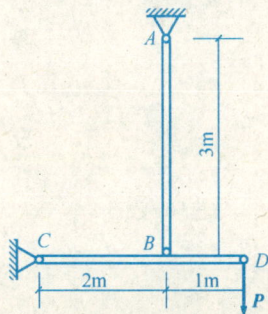

2. 悬挂托架如图所示。BC 杆直径 $d=30\text{mm}$，$E=2.1\times10^5\text{MPa}$，为了测量起吊重量 F，可以在起吊过程中测量 BC 杆的应变。若 $\varepsilon=390\times10^{-6}$，试求 $F=?$

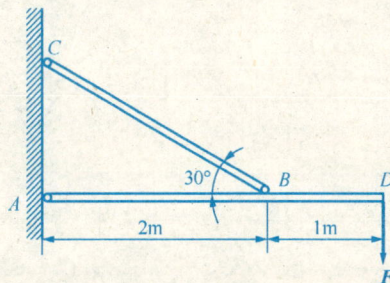

3. 如图所示为一个三角形托架，已知：杆 AC 为圆截面钢杆，许用应力 $[\sigma]=170\text{MPa}$；杆 BC 是正方形截面木杆，许用应力 $[\sigma]=12\text{MPa}$；荷载 $F=60\text{kN}$。试选择钢杆的直径 d 和木杆的边长 a。

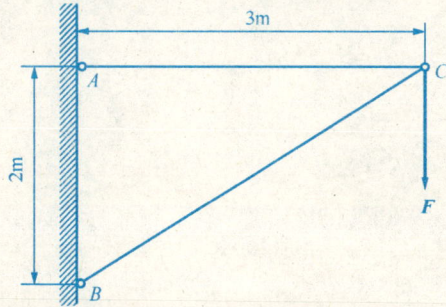

4. 如图所示起重机的 BC 杆由钢丝绳 AB 拉住，钢丝绳直径 $d=26\text{mm}$，$[\sigma]=160\text{MPa}$，试问起重机的最大起重量 F_G 为多少？

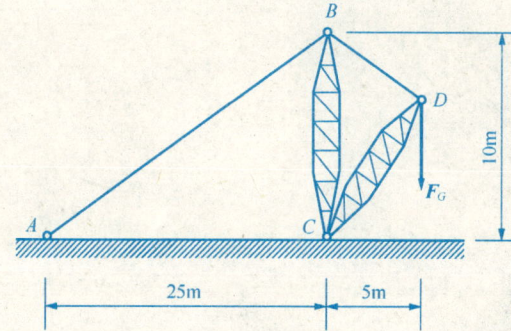

第7章 扭转的强度和刚度计算

基础部分

一、填空题

班级＿＿＿＿＿ 学号＿＿＿＿＿ 姓名＿＿＿＿＿

1. 剪切弹性模量 G，表示了材料＿＿＿＿＿＿。G，E，μ 三者之间的关系是＿＿＿＿＿＿。

2. 如下图所示圆轴受到三个外力偶矩作用，若 $m_1 = m_2 + m_3$，且 $m_2 \neq 0$，$m_3 = 0$，从扭转强度考虑，合理的外荷载布置是把＿＿＿＿＿＿放在中间。

3. 如下图所示实心圆杆，两端受扭转力偶矩作用。若将直径增大一倍，其他条件不变，则最大切应力为原来的＿＿＿＿＿＿倍，两端的相对扭转角为原来的＿＿＿＿＿＿倍。

4. 如下图所示为脆性材料和塑性材料试件扭转断裂后的情况。（a）试件为＿＿＿＿＿＿材料，（b）试件为＿＿＿＿＿＿材料。

(a)

(b)

5. 在弹性范围内，若只将等截面圆轴的长度增大一倍，其他条件不变，则圆轴的最大切应力＿＿＿＿＿＿；单位长度扭转角 θ ＿＿＿＿＿＿，总相对扭转角 φ ＿＿＿＿＿＿。

6. 实心圆轴横截面上＿＿＿＿＿＿切应力最大，中心处切应力＿＿＿＿＿＿。

二、选择题

1. 在下图所示状态中，按剪力互等定理，相等的是（　　）。

   A. $\tau_1 = -\tau_2$ B. $\tau_2 = -\tau_3$

   C. $\tau_4 = -\tau_4$ D. $\tau_4 = -\tau_1$

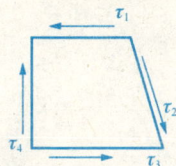

2. 阶梯圆轴及其受力如下图所示，其中 AB 段的最大切应力 τ_{max1} 与 BC 段的最大切应力 τ_{max2} 的关系是（　　）。

   A. $\tau_{max1} = \tau_{max2}$ B. $\tau_{max1} = \dfrac{3}{2}\tau_{max2}$

   C. $\tau_{max1} = \dfrac{1}{4}\tau_{max2}$ D. $\tau_{max1} = \dfrac{3}{8}\tau_{max2}$

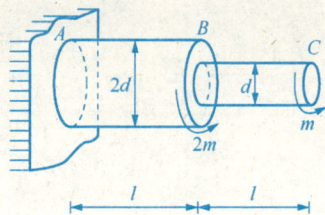

3. 矩形截面杆受扭时，横截面上的最大剪应力出现在（　　）；$\tau = 0$ 的点在（　　）和（　　）处。

   A. 长边中点   B. 短边中点

   C. 四个角点   D. 中心处

4. 如下图所示空心圆受扭时，横截面上的切应力分布图正确的是（　　）。

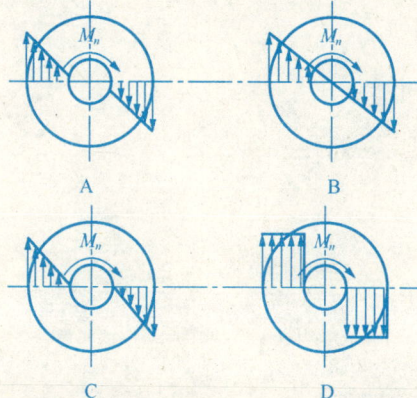

5. 实心圆轴，两端受扭转外力偶矩作用。直径为 D 时，设轴内的最大切应力为 τ，若轴的直径改为 $D/2$，其他条件不变，则轴内的最大切应力变为（　　）。

   A. 8τ B. $\dfrac{1}{8}\tau$

   C. 16τ D. $\dfrac{1}{16}\tau$

6. 受扭空心圆轴（$\alpha = d/D$），在横截面积相等的条件下，下列承载能力最大的轴是（　　）。

   A. $\alpha = 0$（实心轴）   B. $\alpha = 0.5$

   C. $\alpha = 0.6$ D. $\alpha = 0.8$

三、计算题

1. 如图所示，一直径 $d＝60$mm 的圆杆，其两端受外力偶矩 $T＝$ 2kN·m 的作用而发生扭转。试求横截面上 1，2，3 点处的切应力和最大切应变，并在此 3 点处画出切应力的方向。设 $G＝80$GPa。

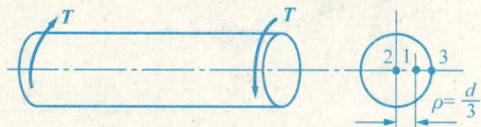

2. 圆轴的直径 $d＝100$mm，$l＝500$mm，$m_1＝7$kN·m，$m_2＝5$kN·m。若材料的剪切弹性模量为 $G＝8.2×10^4$MPa。试求：（1）作轴的扭矩图。（2）求轴的最大剪应力。（3）求 C 截面相对 A 截面的相对扭转角。

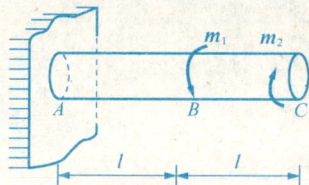

3. 如图所示，传动轴的转速为 $n＝500$r/min，主动轮输入功率 $P_1＝367.5$kW，从动轮 2、3 分别输出功率 $P_2＝147$kW，$P_3＝220.5$kW。已知 $[\tau]＝70$MPa，$[\theta]＝1°$/m，$G＝8×10^4$MPa。

（1）确定 AB 段的直径 d_1 和 BC 段的直径 d_2。（2）若 AB 和 BC 两段选用同一直径，试确定直径 d。

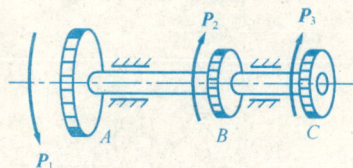

计算题

1. 一圆轴 AC 如图所示。AB 段为实心，直径为 50mm；BC 段为空心，外径为 50mm，内径为 35mm。要使杆的总扭转角为 $0.12°$，试确定 BC 段的长度 a。设 $G=80$GPa。

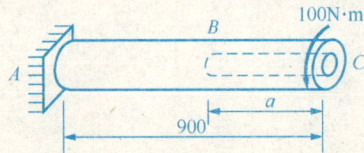

2. 如图所示圆轴，已知其转速为 $n=300$r/min，主动轮 A 输入的功率为 $N_A=200$kW，从动轮 B、C、D 的输出功率分别为 $N_B=100$kW，$N_C=N_D=50$kW。试求：

(1) 画出扭矩图；(2) 若轴的直径 $d=100$mm，求轴中最大剪应力。(3) 若将 A 轮和 D 轮位置对调，试分析对轴的强度和刚度是否有利。

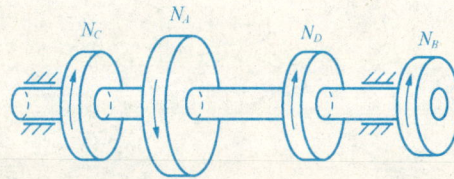

第8章 梁的强度和刚度计算

基础部分

1. 如果横截面关于中性轴对称，那么横截面上的最大拉应力和最大压应力的数值必定_____。

2. 梁的两种横截面如下图所示，图（a）的抗弯截面系数 $W_{za}=$ _____，图（b）的抗弯截面系数 $W_{zb}=$ _____。

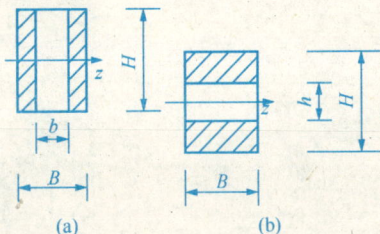

(a)   (b)

3. 在弯曲正应力公式 $\sigma=\dfrac{M}{I_z}y$ 中，y 表示欲求应力点到_____的距离。

4. 简支梁受力如下图所示，该梁的 $F_{Qmax}=$ _____；横截面的 $I_z=$ _____，$S_{zmax}^*=$ _____；危险截面上的 $\tau_{max}=$ _____。

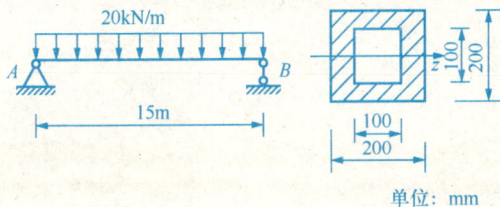

单位: mm

5. 矩形截面简支梁，受均布荷载作用。在下图中画出七个点子，其中最大拉应力发生在_____点，最大剪应力发生在_____点，最大压应力发生在_____点。

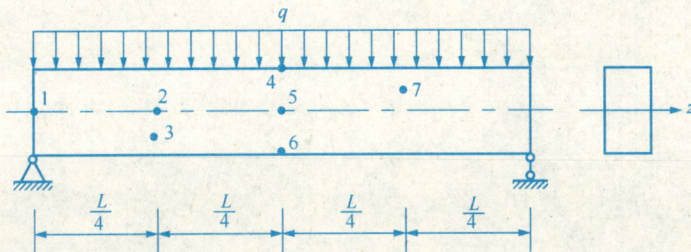

6. 空心矩形截面梁的截面尺寸如下图所示，则横截面对中性轴的惯性矩 $I_z=$ _____，抗弯截面模量 $W_z=$ _____。

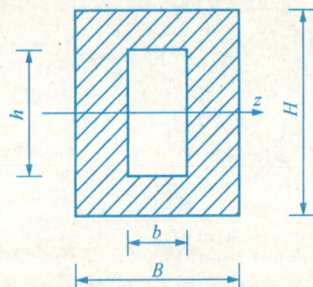

7. 如下图所示矩形截面木梁，由两根梁胶合而成，计算胶合缝处的弯曲切应力时，用公式 $\tau = \dfrac{F_Q S_z^*}{I_z b}$。本题中的 $F_Q = $ ＿＿＿＿ kN，$I_z = $ ＿＿＿＿ mm^4，$S_z^* = $ ＿＿＿＿ mm^3。

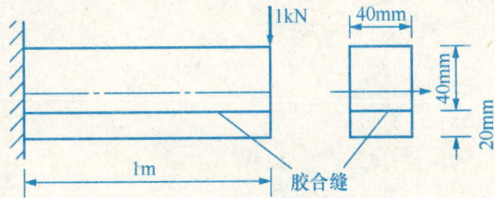

8. 下图所示等直梁挠曲线方程为 $y = f(x)$，AB 段与 BC 段不同。其中 AB 段的 y 是 x 的＿＿＿＿次曲线，BC 段的 y 是 x 的次曲线。若已知 f_B 和 θ_B，则 $f_C = $＿＿＿＿（坐标原点取在 A）。

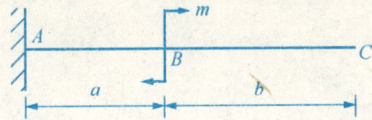

9. 下图所示等直梁的挠曲线方程 $y = f(x)$ 的具体函数式，AB 与 BC 两段是＿＿＿＿同的。AB 段的 y 是 x 的＿＿＿＿次曲线，BC 段的挠度 f_C 与 f_B 和 θ_B 之间有关系＿＿＿＿。

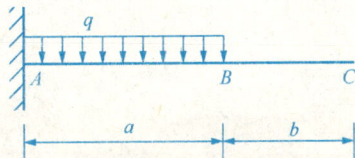

10. 如下图所示简支梁，在支座 B 上作用着集中力偶 m，梁的抗弯刚度为 EI，坐标原点与 A 点重合，写出的挠曲线近似微分方程为＿＿＿＿。确定两个积分常数的边界要件为＿＿＿＿和＿＿＿＿。

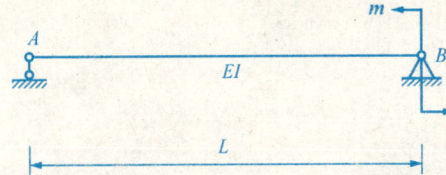

11. 切应力 $\tau = 0$ 的平面称为＿＿＿＿，在该平面上的正应力称为＿＿＿＿。

12. 若单元体处于平面应力状态，当 σ_x、σ_y、τ_{xy} 三者满足条件 $\sigma_x = \sigma_y = \tau_{xy} > 0$ 时，则该单元体处于＿＿＿＿应力状态；当 σ_x、σ_y、τ_{xy} 三者满足条件 $\sigma_x = \sigma_y = \tau_{xy} < 0$ 时，则该单元体为应力状态。

13. 如下图所示应力状态的主应力 σ_1、σ_2、σ_3 和最大切应力 τ_{max} 的值分别为（单位：MPa）：图（a）：$\sigma_1 = $＿＿＿＿，$\sigma_2 = $＿＿＿＿，$\sigma_3 = $＿＿＿＿，$\tau_{max} = $＿＿＿＿；图（b）：$\sigma_1 = $＿＿＿＿，$\sigma_2 = $＿＿＿＿，$\sigma_3 = $＿＿＿＿，$\tau_{max} = $＿＿＿＿。

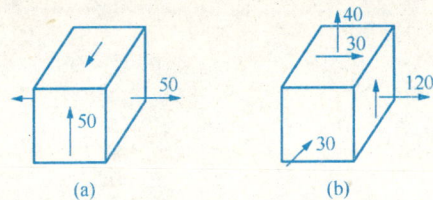

(a)   (b)

14. 在下图所示单元体的应力状态中，最大切应力 τ_{max} 作用面的方位角 $\alpha_1 =$ _____。

15. 火车轮轮缘与钢轨接触点处的主应力为 -800MPa、-900MPa 和 -1100MPa，按第三和第四强度理论，相当应力分别为 _____、_____ MPa。

16. 如下图所示应力状态，$\sigma_x = \sigma$，$\tau_x = \tau$，$\sigma_y = 0$，其 $\sigma_1 =$ _____，$\sigma_3 =$ _____。

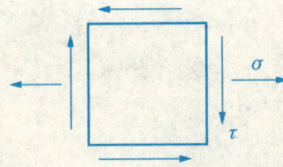

17. 材料破坏的形成，主要有两种类型：一类属于 _____ 破坏；另一类属于 _____ 破坏。

18. 已知单元体上的三个主应力 σ_1、σ_2 和 σ_3，若是脆性材料，用第一强度理论，其强度条件为 $\sigma_{r1} =$ _____；若是塑材材料，用第三强度理论，其强度条件为 $\sigma_{r3} =$ _____。

19. 一般说来，对于脆性材料宜采用 _____ 强度理论，对于塑性材料宜采用 _____ 强度理论。如下图所示应力状态的单元体，其第三强度理论的强度条件为 _____。

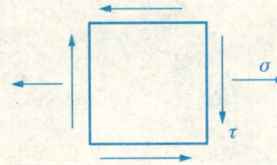

二、选择题

1. 梁的正应力公式 $\sigma = \dfrac{My}{I_z}$ 中的 I_z 是横截面对（　　）的惯性矩。

   A. 形心轴　　　B. 对称轴　　　C. 中性轴　　　D. 水平轴

2. 欲求下图所示 T 形截面梁上 A 点切应

   力，那么在切应力公式 $\tau = \dfrac{F_Q S_z^*}{b I_z}$ 中，

   S_z^* 表示的是（　　）面积对中性轴的

   静矩。

   A. 面积 Ⅰ　　　B. 面积 Ⅱ

   C. 面积 Ⅲ　　　D. 整个截面面积

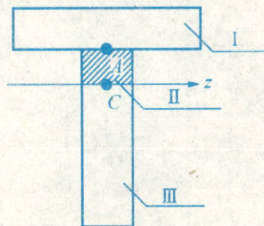

3. 如下图所示两根梁，横截面形状不同，其他条件相同，则两者不相同

   的是（　　）。

   A. 反力　　　B. 弯矩图　　　C. 剪力图　　　D. 最大切应力

4. 如下图所示为梁的横截面形状。那么，梁的抗弯截面模量 $W_z =$（　　）。

   A. $\dfrac{bh^2}{6}$

   B. $\dfrac{bh^2}{6} - \dfrac{\pi d^3}{32}$

   C. $\left(\dfrac{bh^3}{12} - \dfrac{\pi d^4}{64}\right)\Big/\left(\dfrac{h}{2}\right)$

   D. $\left(\dfrac{bh^3}{12} - \dfrac{\pi d^4}{64}\right)\Big/\left(\dfrac{h}{2} - \dfrac{d}{2}\right)$

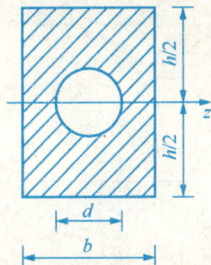

5. 如下图所示的四种梁的截面形状，从梁的正应力强度方面考虑，最合

   理的截面形状是（　　）；最不合理的截面形状是（　　）。

   A.　　　B.　　　C.　　　D.

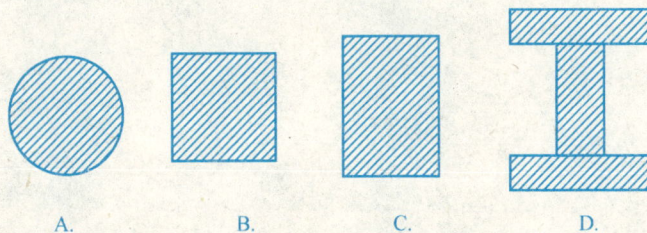

6. 工字形截面梁如下图所示，切应力沿腹板高度的分布规律是（　　）。

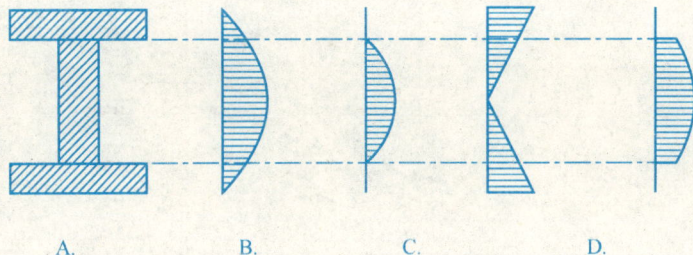

   A.　　　B.　　　C.　　　D.

43

7. 若梁的截面为空心矩形截面（如下图所示），则梁的弯曲正应力沿截面高度的分布规律是（　　）。

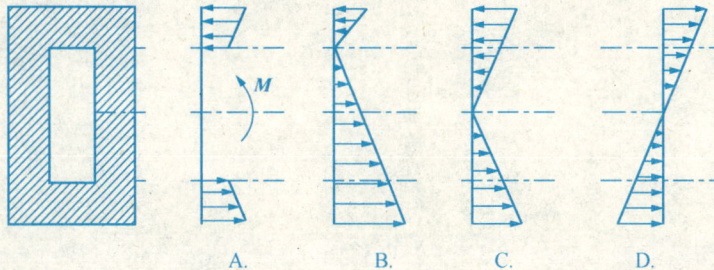

A.　　　　B.　　　　C.　　　　D.

8. 如下图所示矩形截面悬臂梁，$h/b=2$，现由竖放［图（a）］改为横放［图（b）］，梁的最大正应力为原来的（　　）倍。

　A. 2　　　　B. 4　　　　C. 6　　　　D. 8

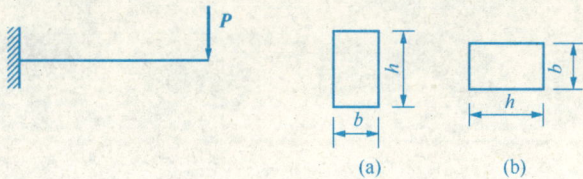

(a)　　　　(b)

9. 如下图所示钢梁有四种横截面形状，当它们的面积相同时，最合理的截面形状为（　　）。

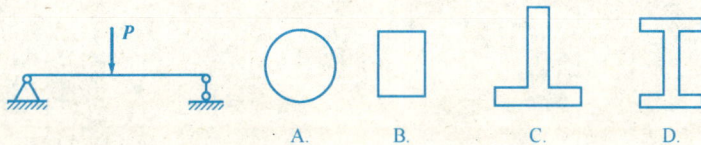

A.　　　　B.　　　　C.　　　　D.

10. 如下图所示四种梁中，属于超静定梁是（　　）。

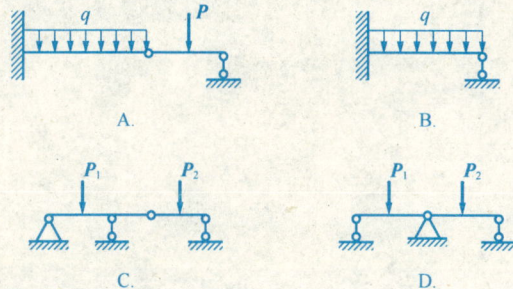

A.　　　　　　　　B.

C.　　　　　　　　D.

11. 如下图所示截面的抗弯截面系数 W_z 应是（　　）。

　A. $\dfrac{\pi d^3}{32}-\dfrac{bh^3}{6}$ 　　　　B. $\dfrac{\pi d^3}{16}-\dfrac{bh^3}{6}$

　C. $\dfrac{1}{h}\left(\dfrac{\pi d^4}{32}-\dfrac{bh^3}{6}\right)$ 　　　　D. $\dfrac{1}{d}\left(\dfrac{\pi d^4}{32}-\dfrac{bh^3}{6}\right)$

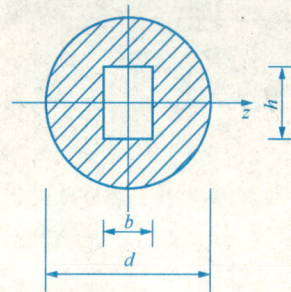

12. 起重机的主钢梁，设计成两端外伸的外伸梁较简支梁有利，其理由是（　　）。

　A. 减小了梁的最大弯矩值　　　B. 减小了梁的剪力值

　C. 减小了梁的最大挠度值　　　D. 增加了梁的抗弯刚度值

44

13. 设计钢梁时，宜采用中性轴为（   ）的截面，设计铸铁梁时，宜采用中性轴为（   ）的截面。
  A. 对称轴
  B. 偏于受拉边的非对称轴
  C. 偏于受压边的非对称轴
  D. 对称或非对称轴

14. 梁在横向力作用下发生平面弯曲时，横截面上最大正应力点和最大剪应力点的应力情况是（   ）。
  A. 最大正应力点的剪应力一定为零，最大剪应力点的正应力不一定为零
  B. 最大正应力点的剪应力一定的为零，最大剪应力点的正应力也一定为零
  C. 最大剪应力点的正应力一定为零，最大正应力点的剪应力不一定为零
  D. 最大正应力点的剪应力和最大剪应力点的正应力都不一定为零

15. 如下图所示悬臂梁，现写出下列四个变形之间的关系式，其中正确的是（   ）。
  A. $f_C = \theta_B \cdot a$
  B. $f_C = \theta_B \cdot 2a$
  C. $f_C = f_B + \theta_B \cdot a$
  D. $f_C = f_B$

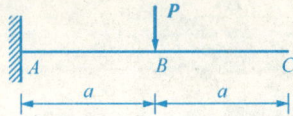

16. 如下图所示简支梁，抗弯刚度为 EI，$a > b$，其最大挠度应发生在（   ）。
  A. C 截面处
  B. 跨中截面处
  C. 转角为 O 的截面处
  D. 转角最大的截面处

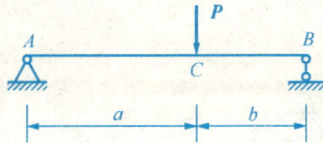

17. 三种应力状态分别如下图（a）～（c）所示，则三者间的关系为（   ）。
  A. 完全等价
  B. 完全不等价
  C. 图（b）、图（c）等价
  D. 图（a）、图（c）等价

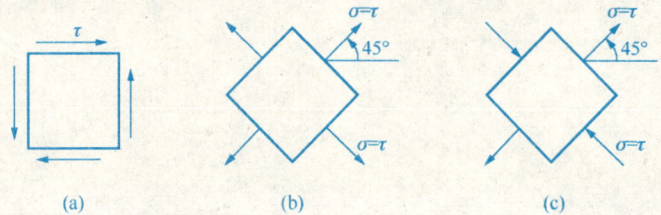

(a)   (b)   (c)

18. 塑性材料构件内有四个点处的应力状态分别如下图（a）～（d）所示，其中最容易屈服的点是（   ）。
  A. 图（a）
  B. 图（b）
  C. 图（c）
  D. 图（d）

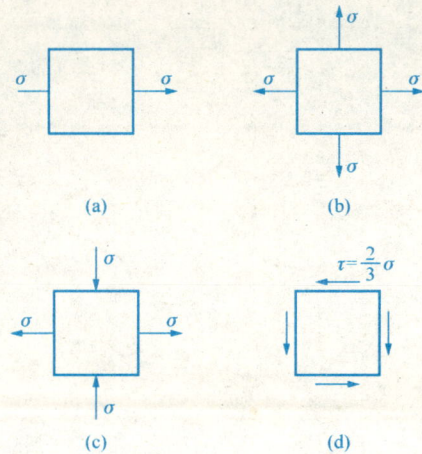

(a)   (b)

(c)   (d)

19. 已知应力情况如下图所示，则图示斜截面上的应力为（ 　 ）（应力单位为MPa）。

    A. $\sigma_\alpha=-70$，$\tau_\alpha=-30$

    B. $\sigma_\alpha=0$，$\tau_\alpha=30$

    C. $\sigma_\alpha=-70$，$\tau_\alpha=30$

    D. $\sigma_\alpha=0$，$\tau_\alpha=-30$

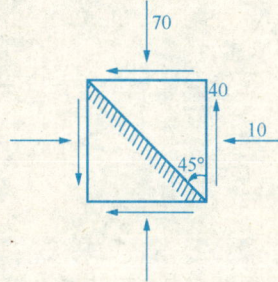

20. 单元体的应力状态如下图所示，由 x 轴至 σ_1 方向的夹角为（ 　 ）。

    A. 13.5°　　　　B. -76.5°

    C. 76.5°　　　　D. -13.5°

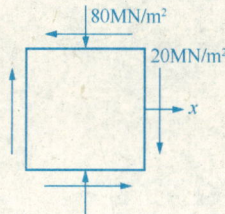

21. 二向应力状态如下图所示，其最大主应力 σ_1 为（ 　 ）。

    A. σ　　B. 2σ　　C. 3σ　　D. 4σ

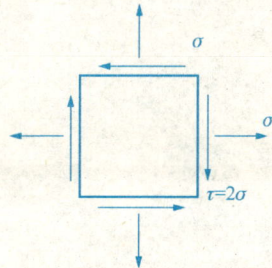

22. 单元体的应力状态如下图所示，则主应力 σ_1、σ_2 分别为（ 　 ）（应力单位：MPa）。

    A. $\sigma_1=90$，$\sigma_2=-10$

    B. $\sigma_1=100$，$\sigma_2=-10$

    C. $\sigma_1=90$，$\sigma_2=0$

    D. $\sigma_1=100$，$\sigma_2=0$

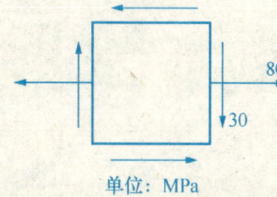

单位：MPa

23. 如下图所示单元体最大切应力 τ_{max} 为（ 　 ）。

    A. 100MPa

    B. 50MPa

    C. 25MPa

    D. 0

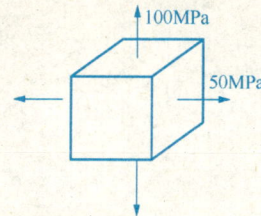

24. 单元体的应力状态如下图所示，关于其主应力有下列四种答案，正确的是（　　）。

 A. $\sigma_1 > \sigma_2 > 0$，$\sigma_3 = 0$

 B. $\sigma_3 < \sigma_2 < 0$，$\sigma_1 = 0$

 C. $\sigma_1 > 0$，$\sigma_2 = 0$，$\sigma_3 < 0$，$|\sigma_1| < |\sigma_3|$

 D. $\sigma_1 > 0$，$\sigma_2 = 0$，$\sigma_3 < 0$，$|\sigma_1| > |\sigma_3|$

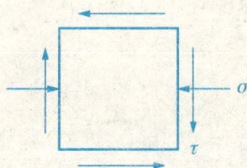

25. 一根由塑性材料制成的构件，在危险截面的危险点上，已知处于三向等拉应力状态，在此特殊情况，应该采用的强度理论为（　　）。

 A. 第一强度理论 　　　　　　　　B. 第二强度理论

 C. 第三强度理论 　　　　　　　　D. 第四强度理论

26. 如下图所示单元体的最大主应力 σ_1 及其与 x 轴的夹角应为（　　）。

 A. $\sigma_1 = 100\text{MPa}$，$\alpha_0 = 0°$

 B. $\sigma_1 = 100\text{MPa}$，$\alpha_0 = -45°$

 C. $\sigma_1 = 100\text{MPa}$，$\alpha_0 = 45°$

 D. $\sigma_1 = 141\text{MPa}$，$\alpha_0 = -45°$

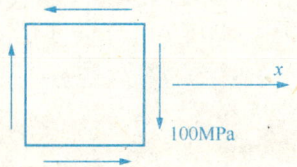

27. 如下图所示应力状态，若用第三和第四强度理论，它们的相当应力公式应为（　　）。

 A. $\sigma_{r3} = \sqrt{\sigma^2 + 3\tau^2}$，$\sigma_{r4} = \sqrt{\sigma^2 + 4\tau^2}$

 B. $\sigma_{r3} = \sqrt{3\sigma^2 + \tau^2}$，$\sigma_{r4} = \sqrt{4\sigma^2 + \tau^2}$

 C. $\sigma_{r3} = \sqrt{4\sigma^2 + \tau^2}$，$\sigma_{r4} = \sqrt{3\sigma^2 + \tau^2}$

 D. $\sigma_{r3} = \sqrt{\sigma^2 + 4\tau^2}$，$\sigma_{r4} = \sqrt{\sigma^2 + 3\tau^2}$

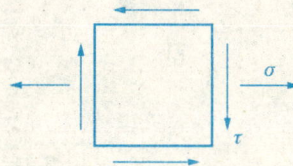

28. 铸铁试件拉伸时，沿横截面断裂；扭转时沿与轴线成 45° 倾角的螺旋面断裂，这与（　　）有关。

 A. 最大剪应力 　　　　　　　　　B. 最大拉应力

 C. 最大剪应力和最大拉应力 　　　D. 最大拉应变

29. 工字形截面梁若危险截面上弯矩较大而且剪力也较大，对下图所示 a 点或 b 点作强度校核时，合适的强条件应是（　　）。

 A. $\sigma \leqslant [\sigma]$

 B. $\tau \leqslant [\tau]$

 C. $\sigma \leqslant [\sigma]$，$\tau \leqslant [\tau]$

 D. $\sqrt{\sigma^2 + 4\tau^2} \leqslant [\sigma]$

30. 在纯剪切应力状态中，其余任意两相互垂直截面上的正应力，必定是（　）。

　　A. 均为正值　　　　　　　B. 一为正值一为负值

　　C. 均为负值　　　　　　　D. 均为零值

31. 任意应力状态下的单元件，有以下四种说法，其中正确的是（　）。

　　A. 在最大正应力的面上剪应力也最大

　　B. 在最大正应力的面上剪应力等于零

　　C. 在最大正应力的面上剪应力最小

　　D. 在正应力等于零的面上剪应力最大

三、计算题

班级_____学号_____姓名_____

1. 矩形截面简支梁如图所示，试求截面 C 上 a、b、c、d 4 点处的正应力，并画出该截面上的正应力分布图（截面尺寸单位：mm）。

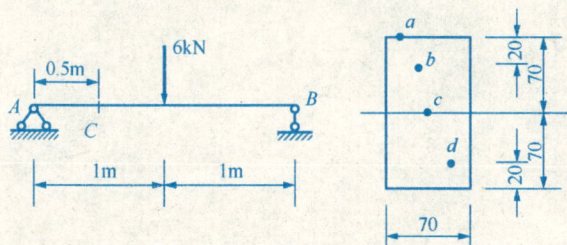

2. 简支梁由 22b 工字钢制成，受力如图所示，材料的许用应力 $[\sigma]=$ 170MPa。试校核梁的正应力强度。

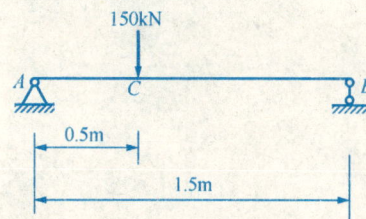

3. 钢梁承受荷载如图所示。材料的许用应力 $[\sigma]=170\text{MPa}$，$[\tau]=100\text{MPa}$。试选择工字钢的型号。

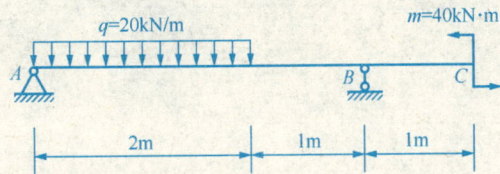

q=20kN/m

m=40kN·m

A

B

C

2m

1m

1m

4. 工字形截面简支梁如图所示。若 $I_z=3.5\times10^4\text{mm}^4$，$[\sigma]=120\text{MPa}$，试绘制弯矩图并作强度校核。

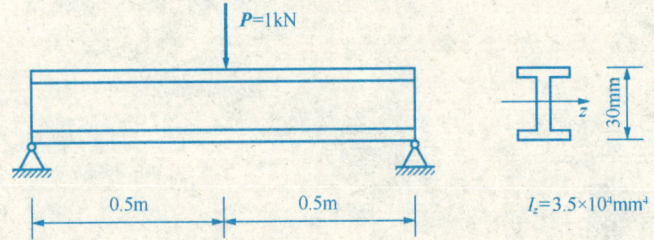

P=1kN

0.5m

0.5m

30mm

$I_z=3.5\times10^4\text{mm}^4$

5. 一简支梁的受力及截面尺寸如图所示，试求此梁的最大切应力及其所在截面上腹板与翼缘交界处 C 的切应力（截面尺寸单位：mm）。

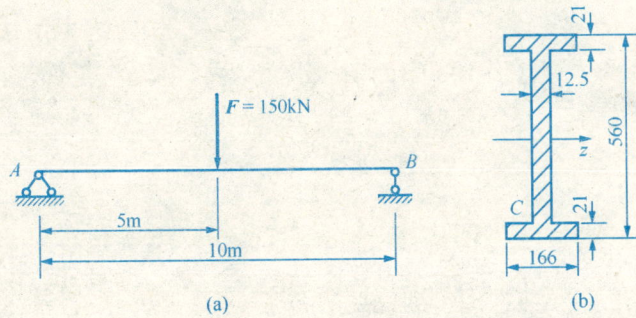

(a)

(b)

6. 一矩形截面的木梁，其截面尺寸及荷载如图所示，已知 $q=1.5\text{kN/m}$，许用应力 $[\sigma]=10\text{MPa}$，许用切应力 $[\tau]=2\text{MPa}$，试校核梁的正应力强度和切应力强度。

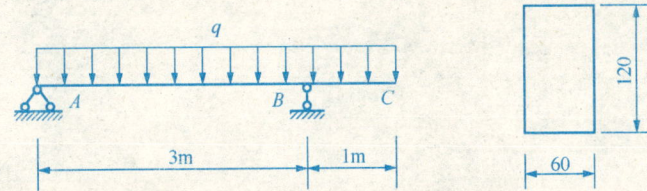

7. 各单元体上的应力如图所示，计算指定斜截面上的应力。

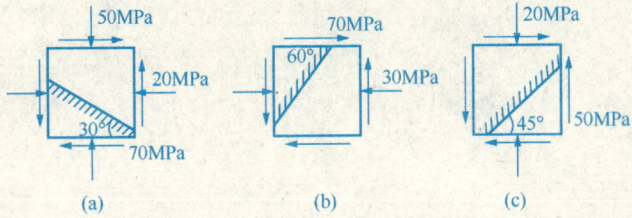

(a)

(b)

(c)

8. (1) 计算如图所示各单元体上的主应力及其方向，并绘出主应力单元体；

(2) 计算各单元体上的最大切应力。

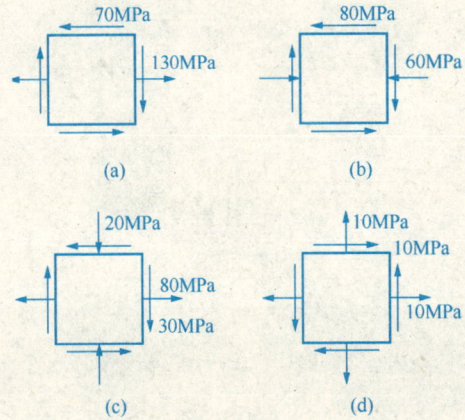

(a)

(b)

(c)

(d)

9. 二向应力状态如图所示，已知 $\sigma=100$MPa，$\tau=50$MPa，试求第三和第四强度理论的相当应力。

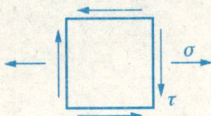

10. 平面应力状态如图所示，已知 $\sigma_x=40$MPa，$\sigma_y=40$MPa，$\tau_{xy}=60$MPa，试按第三和第四强度理论计算相当应力。

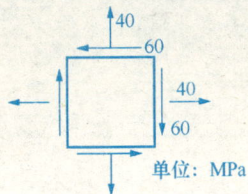

单位：MPa

11. 用叠加法求如图所示各梁指定截面的挠度和转角。各梁 EI 为常数。

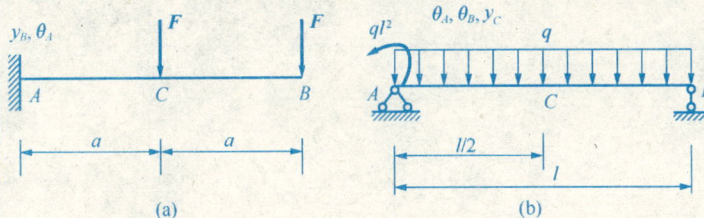

(a)　　　　　　　　　　　(b)

12. 如图所示，一简支梁用 No20b 工字钢制成，已知 $F=10$kN，$q=4$kN/m，$l=6$m，材料的弹性模量 $E=200$GPa，$[f/l]=\dfrac{1}{400}$。试校核梁的刚度。

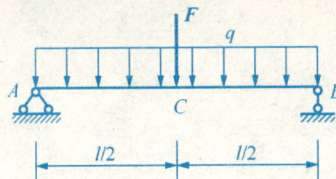

计算题

班级_____学号_____姓名_____

1. 在如图所示的受力结构中，AB 梁和 CD 梁的材料相同，两梁的宽度相同，高度不同。宽度 $b = 100mm$，高度分别为 $h = 150mm$，$h_1 = 100mm$，材料的许用应力 $[\sigma] = 10MPa$，$[\tau] = 2.2MPa$。试求该结构所能承受的最大荷载 P_{max}。

2. 木梁的荷载如图所示，材料的许用应力 $[\sigma] = 10MPa$。试设计如下 3 种截面尺寸，并比较用料量。（1）高宽比 $h/b = 2$ 的矩形；（2）边长为 a 的正方形；（3）直径为 d 的圆形。

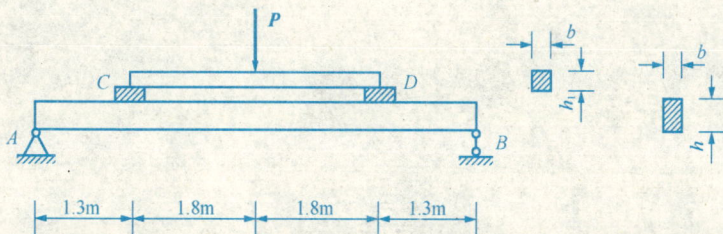

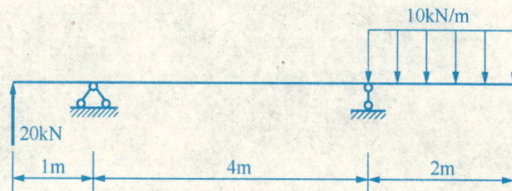

54

3. 一根由 No22b 工字钢制成的外伸梁，承受均布荷载如图所示。已知 $l=6$m，若要使梁在支座 A、B 处和跨中 C 截面上的最大正应力都为 $\sigma=170$MPa，问悬臂的长度 a 和荷载的集度 q 各等于多少？

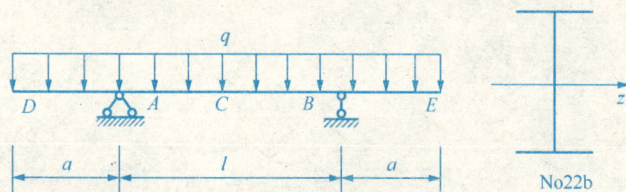

No22b

4. 一钢梁的荷载如图所示，材料的许用应力 $[\sigma]=150$MPa，试选择钢的型号：（1）一根工字钢；（2）两个槽钢。

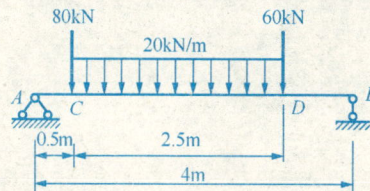

80kN　20kN/m　60kN

A　C　D　B

0.5m　2.5m

4m

5. 外伸梁受力及其截面尺寸如图所示。已知材料的许用拉应力 $[\sigma]_t=$ 30MPa，许用压应力 $[\sigma]_c=$ 70MPa。试校核梁的正应力强度。

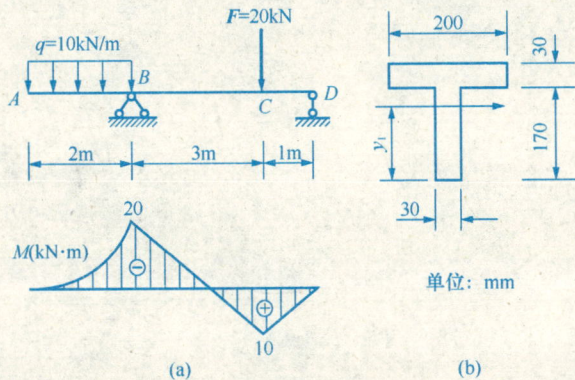

(a)

(b)

单位：mm

6. 如图所示工字钢简支梁，已知 $q=4$kN/m，$m=4$kN·m，$l=6$m，$E=$ 200GPa，$[\sigma]=160$MPa，$\left[\dfrac{f}{l}\right]=\dfrac{1}{400}$。试选择工字钢型号。

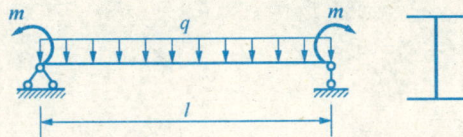

7. 试求图示应力状态的主应力及最大切应力。提示：垂直纸面的应力 $-30MPa$ 就是主应力，在纸平面上的应力 $\sigma_x = 120MPa$，$\sigma_y = 40MPa$，$\tau_{xy} = -30MPa$，由二向应力状态求主应力的公式，即可算出另外两个主应力。

单位：MPa

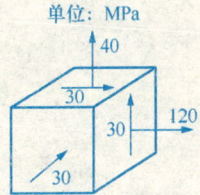

8. 如图所示的外伸梁，截面形状为工字型，受如图所示荷载作用。如需要考虑自重，试选择工字型的型号，并分别用第三及第四强度理论进行强度校核。已知 $[\sigma]=160MPa$，$[\tau]=100MPa$。

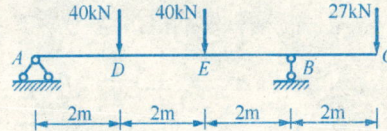

9. 用叠加法求如图所示各梁指定截面的挠度和转向。各梁 EX 为常数。

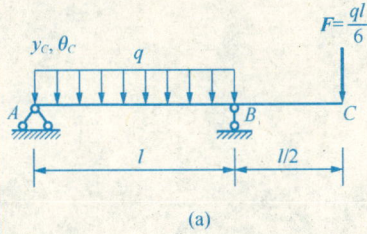

(a)

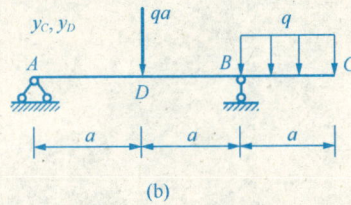

(b)

10. 等截面薄壁受扭圆筒如图示，已知外径 $D=50\text{mm}$，内径 $d=46\text{mm}$，转矩 $m=60\text{N}\cdot\text{m}$，$\beta=30°$。试求：

(1) 横截面边缘处 A 点沿与轴线成 β 角斜截面上的正应力、切应力；

(2) 点 A 的主应力。

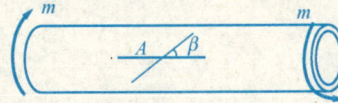

11. 已知应力状态如图示，图中应力单位为 MPa。试求：（1）主应力大小及主平面位置；（2）在单元体上画出主平面位置及主应力和方向；（3）最大切应力。

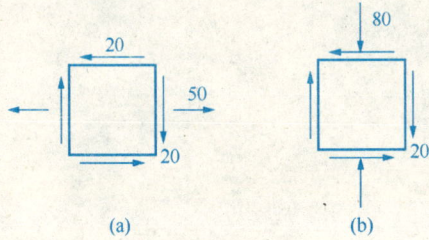

(a)

(b)

12. 钢制圆形截面杆受力情况如图示，已知 $L=1m$，直径 $d=0.1m$，$P=7kN$，$m=10kN\cdot m$，材料的许用应力 $[\sigma]=160MPa$。试求：（1）在单元体上画出 A 点的应力状态，并算出正应力 σ 和切应力 τ；（2）用第三强度理论校核是否安全。

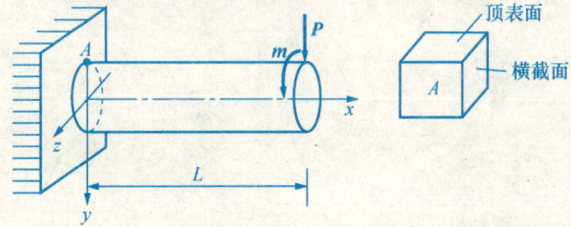

第9章 杆件在组合变形下的强度计算

基础部分

一、填空题

1. 如下图所示梁中最大拉应力的位置在_____点。

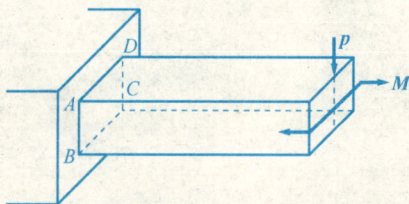

2. 如下图所示受压柱横截面上最大压应力的位置在_____点处。

3. 如下图所示立柱 AB，其危险截面上的内力分量（不计剪力）是_____、_____、_____。

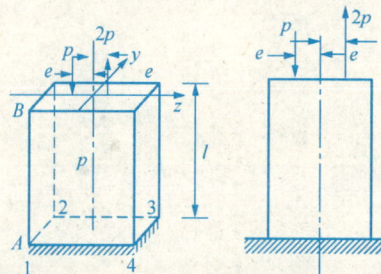

4. 两材料、尺寸和荷载 m、p 都相同的等直圆杆，荷载的作用方式如下图所示，则两杆危险点的应力状态形式上_____。

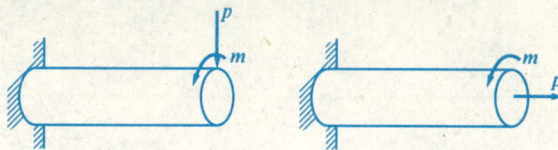

5. 杆件受偏心压力作用时，当外力作用点位于包围截面形心的某一区域上时，可保证截面不产生_____，这一区域称为截面核心。

6. 直径为 d 的圆形截面，其截面核心为_____。

二、选择题

1. 偏心压缩时，截面的中性轴与外力作用点位于截面形心的两侧，则外力作用点到形心 e 和中性轴到形心距离 d 之间的关系为（   ）。

   A. $e = d$

   B. $e > d$

   C. e 越小，d 越大

   D. e 越大，d 越小

2. 三种受压杆件如下图所示，设杆 1、杆 2 和杆 3 中的最大压应力（绝对值）分别用 σ_{max1}、σ_{max2}、σ_{max3} 表示，其关系为（   ）。

   A. $\sigma_{1max} = \sigma_{2max} = \sigma_{3max}$

   B. $\sigma_{1max} > \sigma_{2max} = \sigma_{3max}$

   C. $\sigma_{2max} > \sigma_{1max} = \sigma_{3mxa}$

   D. $\sigma_{2max} < \sigma_{1max} = \sigma_{3max}$

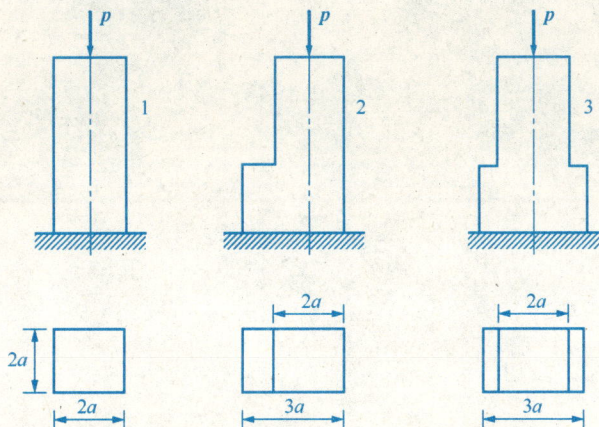

3. 在下图所示杆件中，最大压应力发生在截面上的（   ）。

   A. A 点　　　B. B 点　　　C. C 点　　　D. D 点

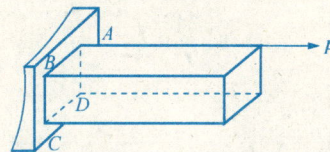

4. 铸铁杆件受力如下图所示，危险点的位置是（   ）。

   A. ①点　　　B. ②点　　　C. ③点　　　D. ④点

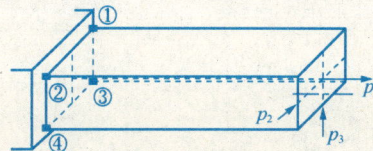

5. 图示矩形截面偏心受压杆件发生的变形（   ）。

   A. 轴向压缩和平面弯曲组合

   B. 轴向压缩，平面弯曲和扭转组合

   C. 轴向压缩，斜弯曲和扭转组合

   D. 轴向压缩和斜弯曲组合

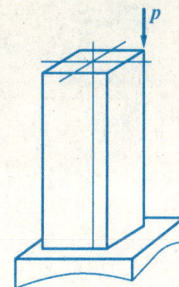

6. 图示正方形截面杆受弯扭组合变形，在进行强度计算时，其任一截面
   的危险点位置为（   ）。

   A. 截面形心   B. 竖边中点 A 点
   C. 横边中点 B 点   D. 横截面的角点 D 点

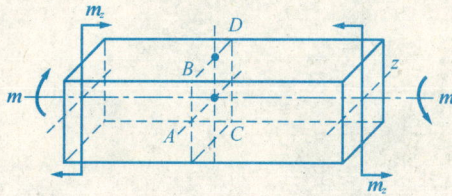

1. 如图所示，矩形截面偏心受拉木杆，偏心力 $F = 160$kN，$e = 5$cm，$[\sigma] = 100$MPa，矩形截面宽度 $b = 16$cm，试确定木杆的截面高度 h。

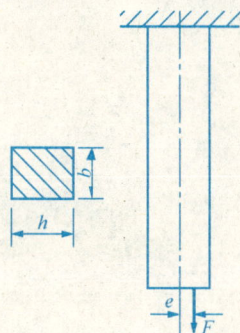

2. 如图所示，木制悬臂梁在水平对称平面内受力 $F_1 = 1.6$kN，竖直对称平面内受力 $F_2 = 0.8$kN 的作用，梁的矩形截面尺寸为 9cm$\times 8$cm，$E = 10 \times 10^3$MPa，试求梁的最大拉压应力数值及其位置。

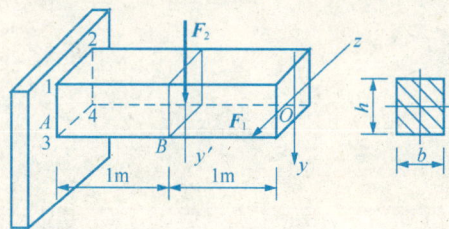

3. 承受均布荷载作用的矩形截面简支梁如图所示，q 与 y 轴成 φ 角且通过形心，已知 $l=4$m，$b=10$cm，$h=15$cm，材料的容许应力 $[\sigma]=10$MPa，试求梁能承受的最大分布荷载 q_{max}。

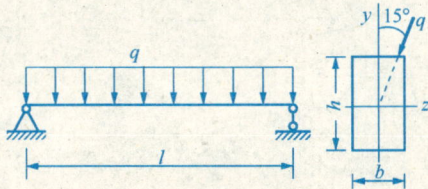

4. 矩形截面杆受力如图所示，F_1 和 F_2 的作用线均与杆的轴线重合，F_3 作用在杆的对称平面内，已知 $F_1=5$kN，$F_2=10$kN，$F_3=1.2$kN，$l=2$m，$b=12$cm，$h=18$cm，试求杆中的最大压应力。

提 高 部 分

计算题

班级________学号________姓名________

1. 如图示砖砌烟囱高 $H=30\text{m}$，底截面 1—1 外径 $d_1=30\text{m}$，内径 $d_2=2\text{m}$，自重 $G_1=2000\text{kN}$，受风力 $q=1\text{kN/m}$ 作用，试求：

   (1) 烟囱底截面上的最大压应力。

   (2) 若烟囱的基础埋深 $h=4\text{m}$，基础及填土自重 $G_2=1000\text{kN}$，土的许用压应力 $[\sigma]=0.3\text{MPa}$，圆形基础的直径 $d=4.2\text{m}$，试校核土壤的承受能力。注：计算风力时，可略去烟囱直径的变化，把它看作是等截面的。

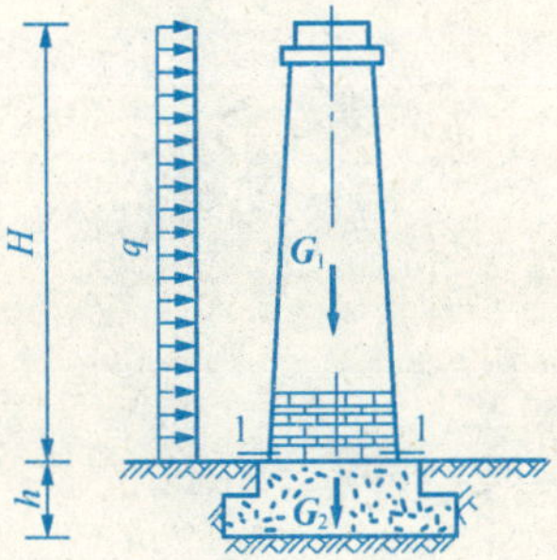

2. 如图所示为起重用悬臂式吊车，梁 AC 由 No18 工字钢制成，材料的许用正应力 $[\sigma]=100\text{MPa}$。当吊起物重（包括小车重）$F_Q=25\text{kN}$，并作用于梁的中点 D 时，试校核梁 AC 的强度。

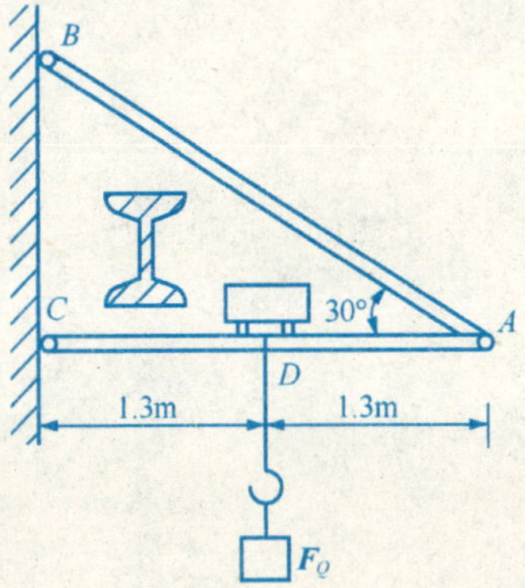

3. 矩形截面悬臂梁受力如图所示，F 通过截面形心且与 y 轴成角 φ，已知 $F=1.2$kN，$l=2$m，$\varphi=12°$，$\dfrac{h}{b}=1.5$，材料的容许正应力 $[\sigma]=10$MPa，试确定 b 和 h 的尺寸。

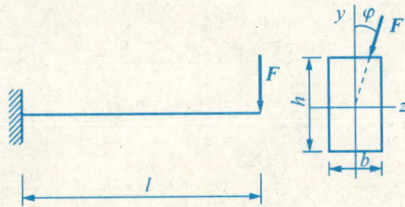

4. 矩形截面柱如图所示。其中 p_1 的作用线与杆轴线重合，p_2 作用在 y 轴上。已知 $p_1=p_2=80$kN，$b=24$cm，$h=30$cm。如要求柱的横截面上只出现压应力，求 p_2 的偏心距 e。

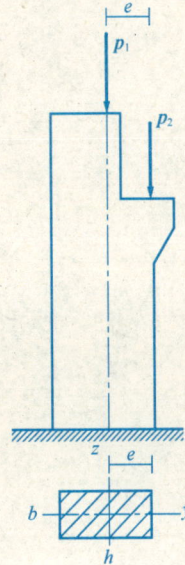

第 10 章　压杆的稳定计算

基 础 部 分

一、填空题

班级＿＿＿＿学号＿＿＿＿姓名＿＿＿＿

1. 当压杆有局部削弱时，因局部削弱对杆件整体变形的影响＿＿＿＿＿；所以在计算临界应力时，都采用＿＿＿＿＿的横截面面积 A 和惯性矩 I。

2. 圆截面的细长压杆，材料、杆长和杆端约束保持不变，若将压杆的直径缩小一半，则其临界应力为原压杆的＿＿＿＿＿；若将压杆的横截面改为面积相同的正方形截面，则其临界应力为原压杆的＿＿＿＿＿。

3. 如下图所示材料相同，直径相同的细长圆杆中，＿＿＿＿＿杆能承受压力最大；＿＿＿＿＿杆能承受压力最小。

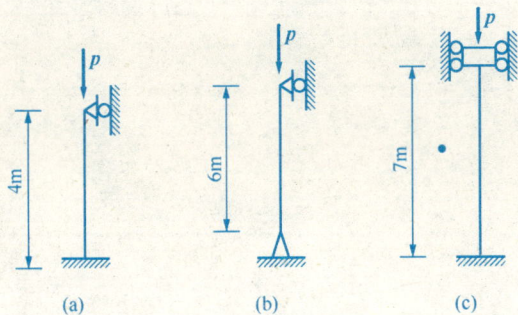

(a)　　　　(b)　　　　(c)

4. 细长压杆的支承情况，截面和材料保持不变而杆长增加一倍，则临界应力为＿＿＿＿＿。

5. 两根细长压杆，截面大小相等，形状一为正方形，另一为圆形，其他条件相同，则截面为＿＿＿＿＿形的柔度大，为＿＿＿＿＿形的临界力大。

6. 两端支承情况和截面形状沿两个方向不同的压杆，在失稳时，总是沿＿＿＿＿＿值大的方向失稳。

7. 细长压杆的临界力表达式为 $P_{cr}=$ ＿＿＿＿＿，它综合反映了压杆长度、横截面形状和尺寸以及＿＿＿＿＿对临界力的影响。

8. 在稳定条件 $\sigma=\dfrac{P}{A}\leqslant\varphi[\sigma]$ 中，$[\sigma]$ 为＿＿＿＿＿，φ 为＿＿＿＿＿，φ 的值根据＿＿＿＿＿来查表。

9. 圆截面两端铰支压杆，直径为 d，长度为 L，材料的 $\lambda_1=100$，当 $\lambda\geqslant\lambda_1$ 时，属于细长压杆，欧拉公式适用，此时 $L/d\geqslant$ ＿＿＿＿＿。若 $\lambda<\lambda_1$，临界应力的经验公式为＿＿＿＿＿。

67

二、选择题 班级_____ 学号_____ 姓名_____

1. 如下图所示压杆钻了一个小圆孔，钻孔后与原压杆相比，对稳定性和强度的影响应是（　　）。
   A. 稳定性降低，强度不变　　　　B. 稳定性不变，强度降低
   C. 稳定性和强度均降低　　　　　D. 稳定性和强度均不变

2. 如下图所示长方形截面压杆，$b/h=1/2$；如果将 b 改为 h 后仍为细长杆，临界力 p_{cr} 是原来的（　　）倍。
   A. 2　　　　　B. 4　　　　　C. 8　　　　　D. 16

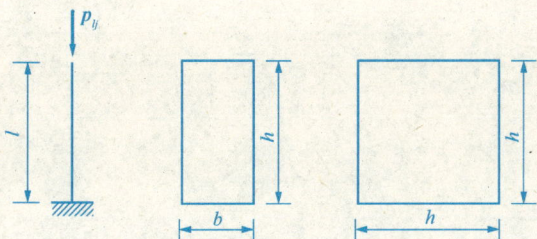

3. 一根压杆，采用下图所示四种截面，在横截面积和其他条件均相同的情况下，稳定性最好的截面应是（　　）。

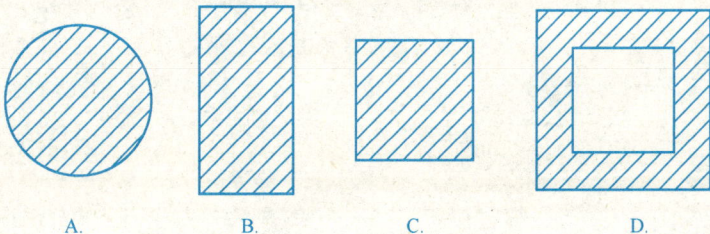

   A.　　　　　　B.　　　　　　C.　　　　　　D.

4. 细长压杆，若长度系数 μ 增加一倍，则临界压力 p_{cr} 的变化为（　　）。
   A. 增加一倍　　　　　　B. 为原来的四倍
   C. 为原来的1/4　　　　D. 为原来的1/2

5. 如下图所示直杆，其材料相同，截面和长度相同，支承方式不同，在轴向压力作用下，哪个柔度最大，哪个柔度最小？（　　）
   A. λ_a 大，λ_c 小　　　　B. λ_b 大，λ_d 小
   C. λ_b 大，λ_c 小　　　　D. λ_a 大，λ_b 小

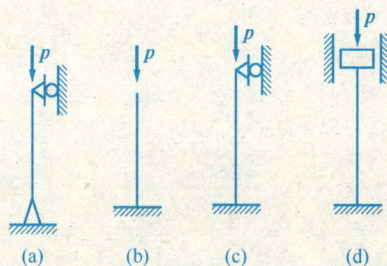

   (a)　　　　(b)　　　　(c)　　　　(d)

6. 细长压杆的临界应力 $\sigma_{cr}=\dfrac{\pi^2 E}{\lambda^2}$，其中柔度 λ 反映对临界力影响的因素应是（　　）。
   A. 长度、约束条件、截面尺寸和形状
   B. 材料、长度、约束条件
   C. 材料、约束条件、截面尺寸和形状
   D. 材料、长度、截面尺寸和形状

7. 由稳定条件 $p \leqslant A\varphi[\sigma]$，可求 $[P]$，当 A 增加一倍时，$[P]$ 增加的规律有（　　）。
   A. 增加一倍　　　　　　B. 增加二倍
   C. 增加 1/2 倍　　　　D. p 与 A 不成比例

三、计算题

1. 两端为球铰支的圆截面受压杆,材料的弹性模量 $E = 2.03 \times 10^5$ MPa,比例极限 $\sigma_p = 300$ MPa,已知杆的直径 $d = 100$ mm,问杆长为多大时方可用欧拉公式计算该杆的临界力?

2. 两端铰支细长圆木柱,直径 $d = 150$ mm,$L = 5$ m,$E = 1 \times 10^4$ MPa,试求:
(1) 临界力 P_{cr};
(2) 若规定稳定安全系数 $n_{st} = 4$,此柱许可荷载 $[P]$。

3. 如图示 BD 为正方形截面木杆，已知 $l=2m$，$a=0.1m$，木材的许用应力 $[\sigma]=10MPa$，试从稳定性考虑，计算结构所能承受的最大荷载。

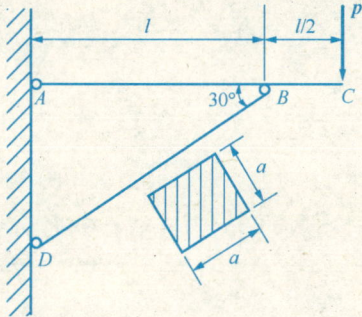

4. 图示托架中的 AB 杆，直径 $d=40mm$，长度 $l=800mm$，两端可视为铰支，材料为 A_3 钢，$\lambda_p=100$。试求：

(1) 托架的临界荷载 Q_{max}。

(2) 若工作荷载 $Q=70kN$，规定的稳定安全系数 $n_{st}=2$，CD 梁确保安全，此托架是否安全？

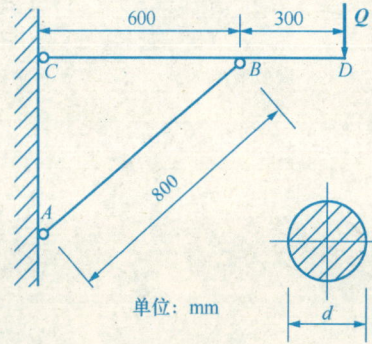

计算题

1. 一端固定一端自由的细长压杆，长 $l=1\text{m}$，弹性模量 $E=200\times 10^6\text{kPa}$。试计算图示三种截面的临界力。设杆件失稳而弯曲时，在空间任一方向的支承情况相同。图中尺寸单位为 mm。

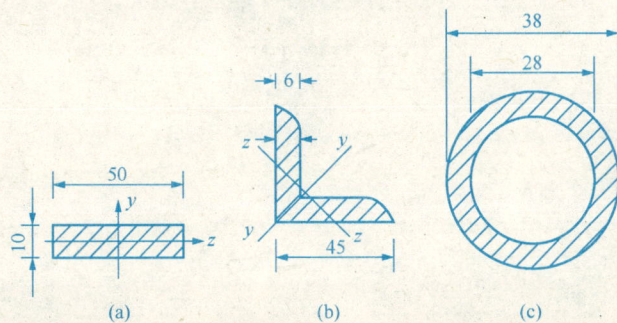

(a)　　　(b)　　　(c)

2. 图示各杆均为圆形截面细长压杆。已知各杆的材料以及直径均相同。各杆当压力 P 从零开始以相同的速率增长时，问哪个杆先失稳?

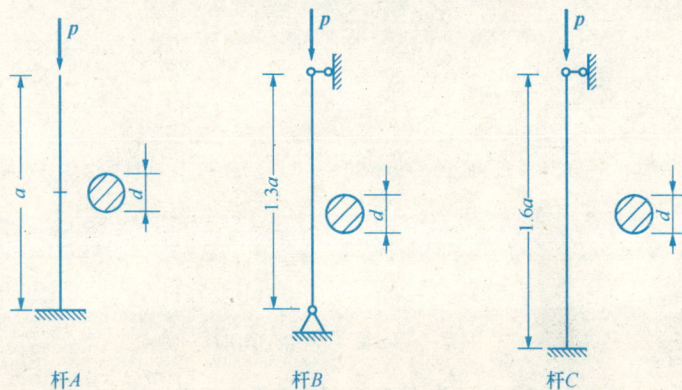

杆A　　　杆B　　　杆C

3. 图示压杆横截面为矩形，$h=80$mm，$b=40$mm，杆长 $l=2$m，材料为 Q_{235}钢，$E=2.1\times10^5$MPa，支端约束如图所示。在正视图（a）的平面内为两端铰支；在俯视图（b）的平面内为两端弹性固定，采用 $\mu=0.8$，试求此杆的临界力。

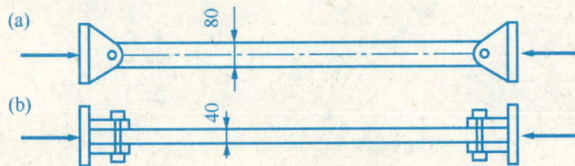

(a)

(b)

4. 三角形屋架的尺寸如图所示。$F=9.7$kN，斜馥杆 CD 按构造要求用最小截面尺寸 100mm×100mm 的正方形，材料为东北落叶松 TC_{17}，其顺纹抗压许用应力 $[\sigma]=10$MPa，若按两端铰支考虑，试校核 CD 杆的稳定性。

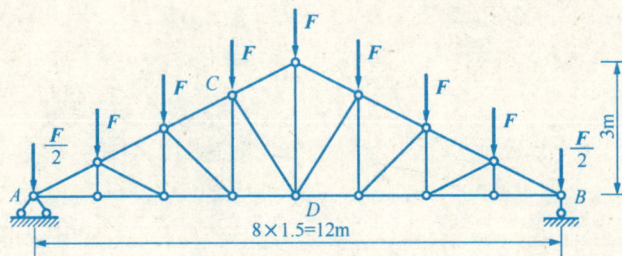

72

第 11 章　平面体系的几何组成分析

基 础 部 分

一、填空题

班级_____　学号_____　姓名_____

1. 体系的几何组成分析除研究结构组成方法外，对研究结构的_____也是必需的。

2. 对体系作几何组成分析时，不考虑杆件变形而只研究体系的_____。

3. 对体系作几何组成分析时，所谓自由度是指_____；所谓约束（联系）是指_____；所谓刚片是指_____。

4. 从几何组成上讲，静定和超静定结构都是_____体系，但后者有_____。

5. 静定结构的全部内力及反力，均可由_____求得，且解答是唯一的；而超静定结构的全部内力及反力，仅由_____不能确定，还需应用_____。

二、选择题

1. 联结三个刚片的铰结点，相当的约束个数为（　　）个。
   A. 2　　　　　B. 3　　　　　C. 4　　　　　D. 5

2. 如下图所示体系是（　　）。
   A. 无多余联系的几何不变体系
   B. 有多余联系的几何不变体系
   C. 常变体系
   D. 瞬变体系

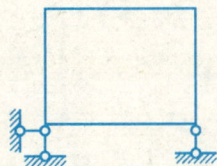

3. 如下图所示平面体系的几何组成性质是（　　）。
   A. 几何不变，且无多余联系　　　　B. 几何不变，且有多余联系的
   C. 常变体系　　　　　　　　　　　D. 瞬变体系

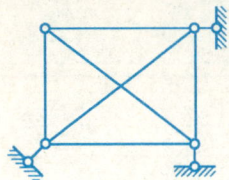

4. 如下图所示体系为（　　）。
   A. 几何不变无多余约束
   B. 几何不变有多余约束
   C. 几何常变
   D. 几何瞬变

5. 如下图所示中体系是（　　）。
   A. 几何常变体系　　　　　　　　B. 几何瞬变体系
   C. 无多余联系的几何不变体系　　D. 有多余联系的几何不变体系

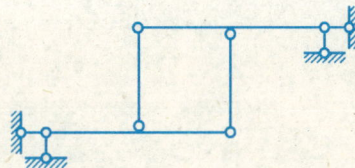

6. 如下图所示体系的几何组成为（　　）。
   A. 几何不变，无多余约束　　　　B. 几何不变，有多余约束
   C. 瞬变体系　　　　　　　　　　D. 常变体系

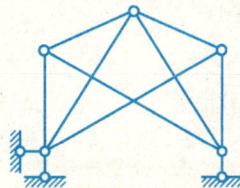

7. 如下图所示体系的几何组成为（　　）。
   A. 几何不变，无多余约束
   B. 几何不变，有多余约束
   C. 瞬变体系
   D. 常变体系

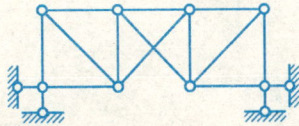

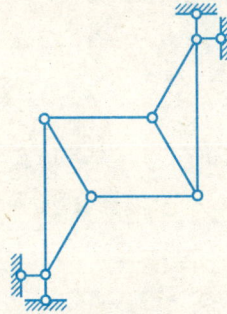

8. 如下图所示体系的几何组成为（　　）。
   A. 几何不变，无多余约束　　　　B. 几何不变，有多余约束
   C. 瞬变体系　　　　　　　　　　D. 常变体系

三、分析题

试对图示体系作几何组成分析。如果是具有多余约束的几何不变体系，则须指出其多余约束的数目。

(a)

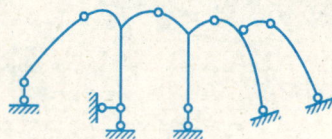

(b)

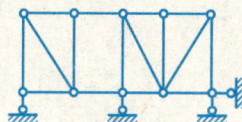

(c)

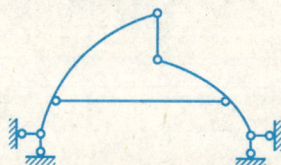

(d)

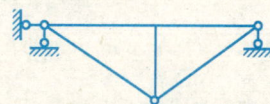

(e)

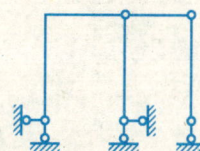

(f)

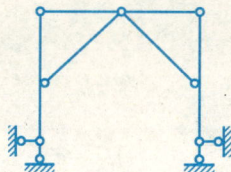

(g)

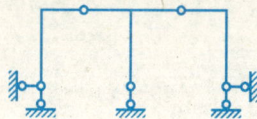

(h)

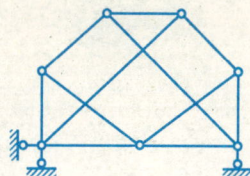

(i)

分析题

班级_____学号_____姓名_____

分析图示各体系的几何组成。

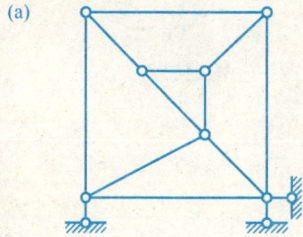

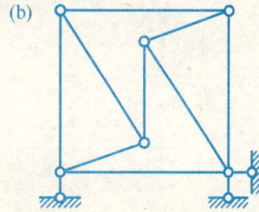

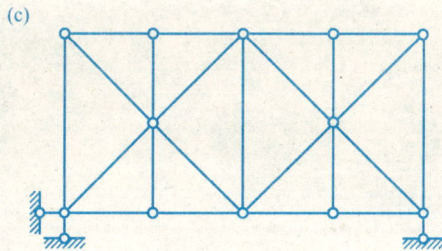

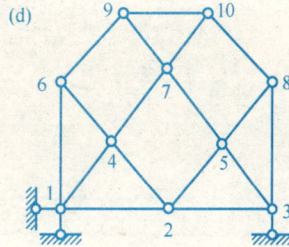

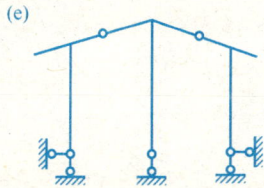

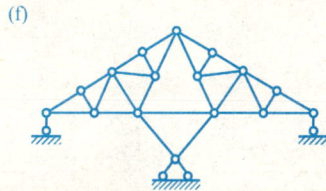

(a)

(b)

(c)

(d)

(e)

(f)

第 12 章　静定结构的内力计算

基 础 部 分

一、填空题

1. 叠加法绘作杆件弯矩图的含义是：一组外力共同作用下产生弯矩图纵标等于＿＿＿＿。

2. 均布荷载作用的杆件段弯矩图形为＿＿＿＿线，其曲线凸向与荷载作用方向＿＿＿＿。

3. 多跨静定梁、多跨静定刚架的内力计算，可把结构区分＿＿＿＿、＿＿＿＿两部分，为方便计算，应先算＿＿＿＿部分。

4. 三铰拱在竖向荷载作用下要产生＿＿＿＿反力，由于存在该反力，使拱截面上的弯矩值＿＿＿＿于相同跨度、荷载的简支梁中弯矩值。

5. 三铰拱的合理拱轴是指在给定荷载作用下，拱中各截面无＿＿＿＿、＿＿＿＿，只承受＿＿＿＿的拱轴；合理拱轴形状与相当简支梁的＿＿＿＿形状相同。

6. 联合桁架是由若干个＿＿＿＿桁架组成，计算次序上应先算＿＿＿＿杆内力。

7. 如下图所示结构中的反力 $F_y =$ ＿＿＿＿。

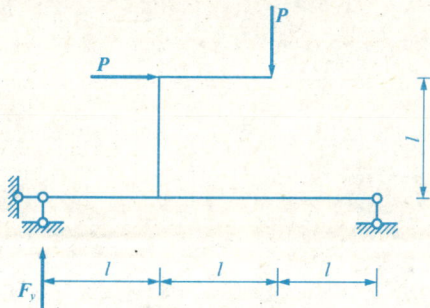

8. 如下图所示结构 K 截面的 M 值为＿＿＿＿，＿＿＿＿侧受拉。

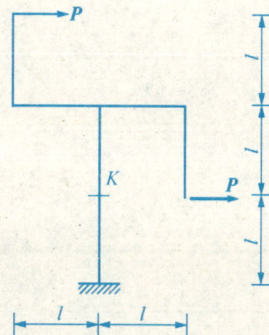

9. 如下图所示结构中，DA 杆 D 端的弯矩 $M_{DA} =$ ＿＿＿＿。

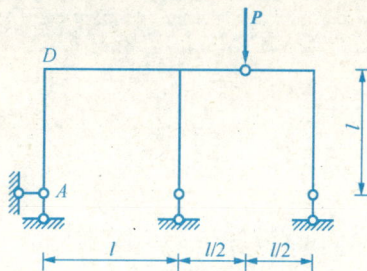

10. 组合结构是由_____、_____两类杆件组成，分析内力时，先求_____内力。

11. 如下图所示拱的水平推力 $H=$ _____。

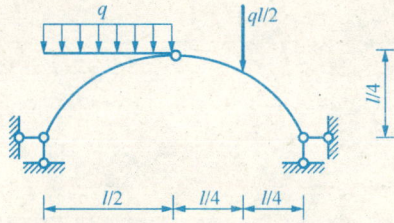

12. 如下图所示带拉杆拱中拉杆的轴力 $F_{Na}=$ _____。

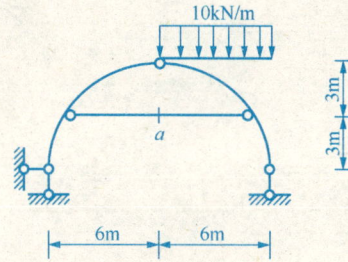

二、选择题

班级_____ 学号_____ 姓名_____

1. 如下图所示结构 C 截面弯矩为（　　）。

   A. 0　　　　B. $qa^2/2$　　　　C. $qa^2/4$　　　　D. $qa^2/6$

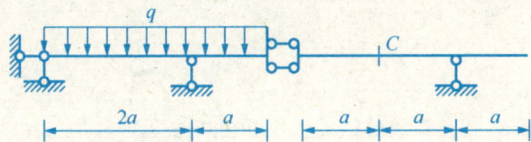

2. 如下图所示结构 K 截面剪力为（　　）。

   A. 0　　　　B. P　　　　C. $-P$　　　　D. $P/2$

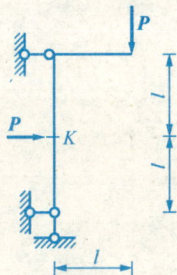

3. 如下图所示结构（　　）。

   A. ABC 段有内力

   B. ABC 段无内力

   C. CDE 段无内力

   D. 全梁无内力

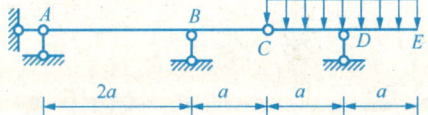

4. 如下图所示结构杆端弯矩 M_{BA}（设左侧受拉为正）为（　　）。

   A. $2Pa$　　　　B. Pa　　　　C. $3Pa$　　　　D. $-3Pa$

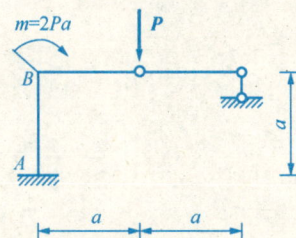

5. 在确定的竖向荷载作用下，三铰拱的水平反力仅与下列因素有关（　　）。

   A. 拱跨　　　　　　　　B. 拱的矢高

   C. 三个铰的相对位置　　D. 拱的轴线形式

6. 如下图所示桁架 b 杆的内力是（　　）。

   A. $Ph/2d$　　　　B. $Ph/3d$　　　　C. 0　　　　D. $P/2$

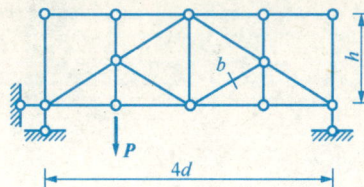

三、判断题

判断图示各桁架的零杆数目。

(a)

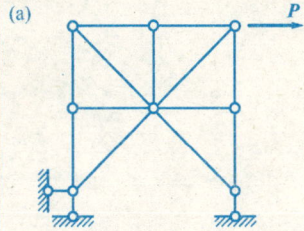

(b)

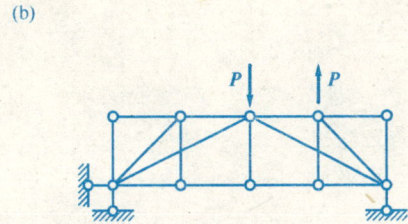

(c)

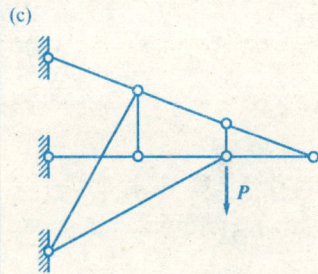

(d)

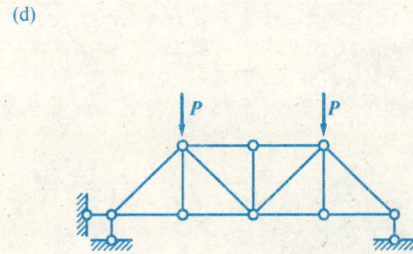

(e)

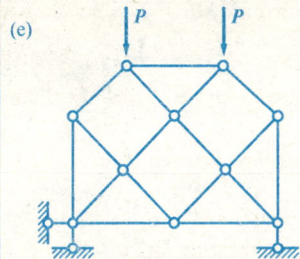

(f)

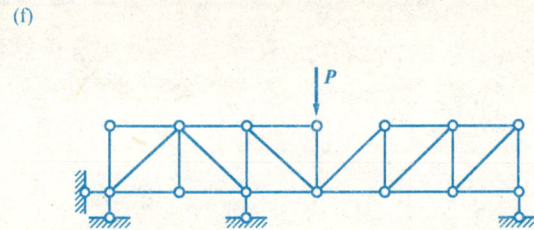

四、计算题

1. 计算如图所示多跨静定梁的支座反力、内力，作 M、F_Q 图。

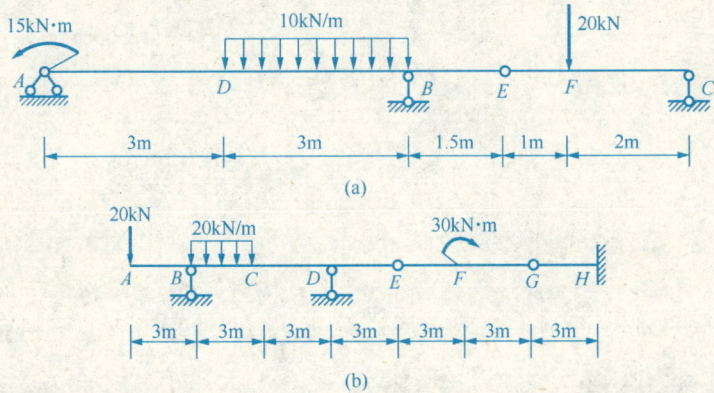

15kN·m

10kN/m

20kN

A D B E F C

3m 3m 1.5m 1m 2m

(a)

20kN

20kN/m

30kN·m

A B C D E F G H

3m 3m 3m 3m 3m 3m 3m

(b)

2. 作图示结构的弯矩图。

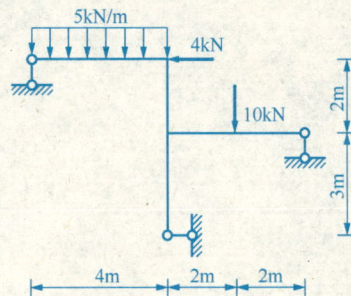

5kN/m

4kN

10kN

2m

3m

4m 2m 2m

3. 作如图所示各刚架的内力图。

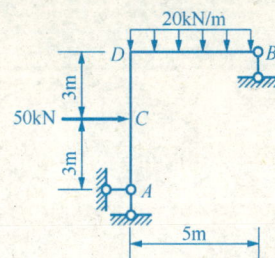

20kN/m

D B

3m

50kN C

3m

A

5m

4. 用结点法求如图所示各桁架杆件的内力（先指出零杆）。

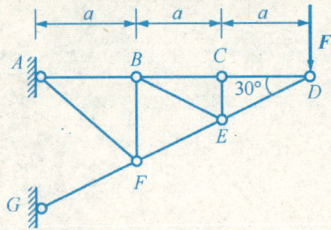

5. 试用截面法求图示桁架1、2、3杆的内力。

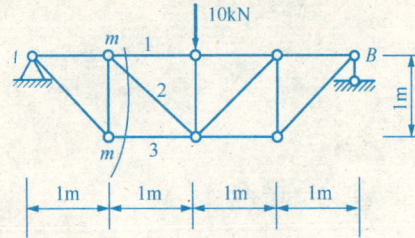

6. 求图示桁架杆 a 和杆 b 的内力。

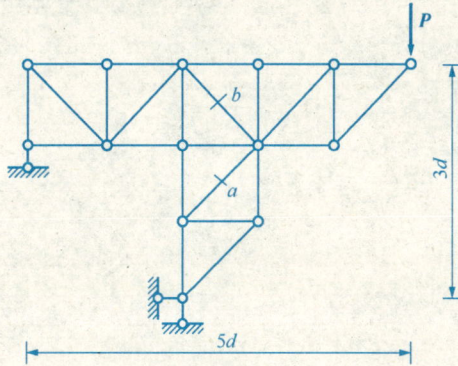

7. 图示结构拱轴线方程为 $y = 4fx(l-x)/l^2$，求截面 K 的内力。

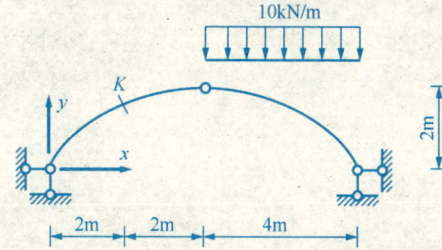

计算题

1. 作图示结构的弯矩图。

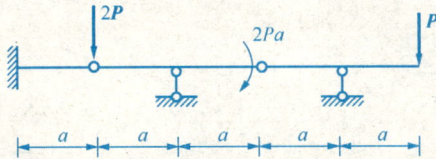

2. 作图示结构的弯矩图。

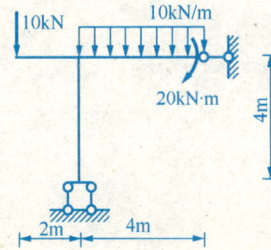

3. 作图示结构的弯矩图。

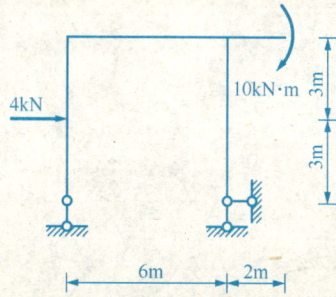

4. 求如图所示各桁架中指定杆内力。

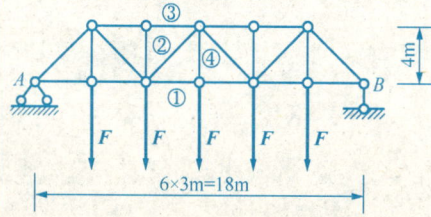

(a)

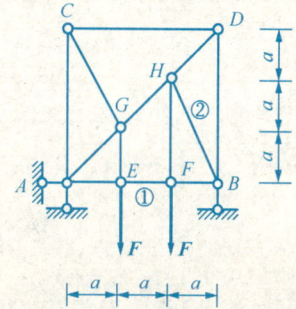

(b)

5. 已知如图所示三铰拱拱轴方程为 $y=\dfrac{4f}{l^2}x(l-x)$，计算：

（1）求如图（a）所示中的支座反力和拉杆 DE 的内力；

（2）求如图（b）所示中截面 K_1、K_2 的内力。

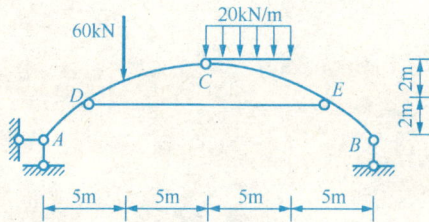

（a）

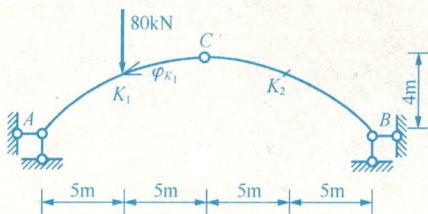

（b）

6. 计算如图所示各组合结构各链杆的内力，并绘出各梁式杆的弯矩图。

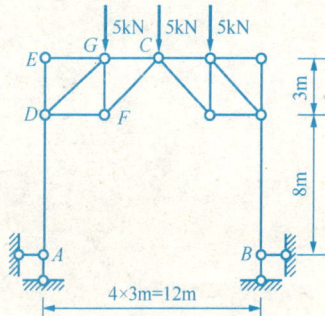

（a）

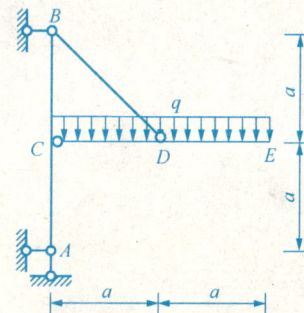

（b）

第 13 章　静定结构的位移计算

基础部分

一、填空题

1. 虚功是指位移与做功的力＿＿＿＿＿＿＿；变形体虚功方程可表述为平衡的变形体给予任意的虚位移时，变形体上＿＿＿＿＿＿等于＿＿＿＿＿＿之和。

2. 位移计算时，虚拟单位广义力的原则是使外力功的值恰好等于值。

3. 应用图乘法求杆件结构的位移时，各图乘的杆段必须满足如下三个条件：＿＿＿＿＿＿、＿＿＿＿＿＿、＿＿＿＿＿＿。

4. 在非荷载因素（支座移动、温度变化、材料收缩等）作用下，静定结构不产生＿＿＿＿＿＿，但会有位移，且位移与杆件刚度有关。

5. 静定结构由于支座移动而产生的位移是＿＿＿＿＿＿位移。

6. 在超静定结构分析时，反力互等定理在＿＿＿＿＿＿法中得到应用，位移互等定理在＿＿＿＿＿＿法中得到应用。

7. 如下图所示刚架 A 点的水平位移 $\Delta_{AH} = $＿＿＿＿＿＿。

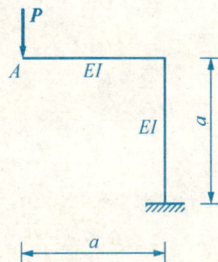

二、选择题

1. 如下图所示结构，求 A、B 两点相对线位移时，
   虚力状态应在两点分别施加的单位力为（   ）。
   A. 竖向反向力
   B. 水平反向力
   C. 连线方向反向力
   D. 反向力偶

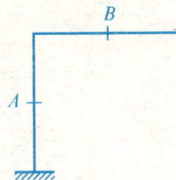

2. 如下图所示梁铰 C 左侧截面的转角时，其虚拟状态应取（   ）。

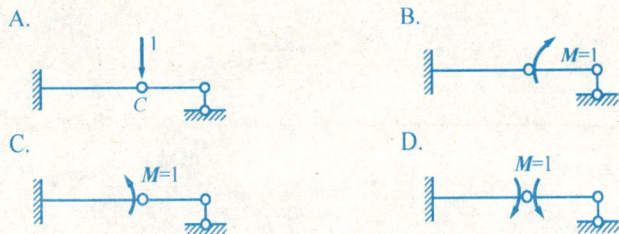

   A.

   B.

   C.

   D.

3. 欲直接计算下图所示桁架杆 BC 的转角，则虚设力系应为（   ）。

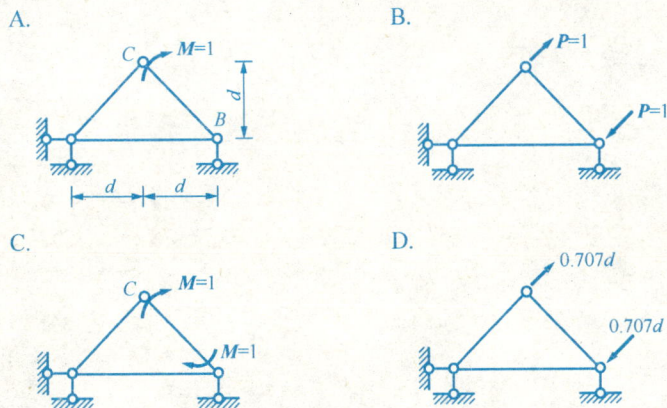

   A.

   B.

   C.

   D.

4. 欲计算下图所示刚架的刚性杆 AB 转角，虚设力系应为（   ）。

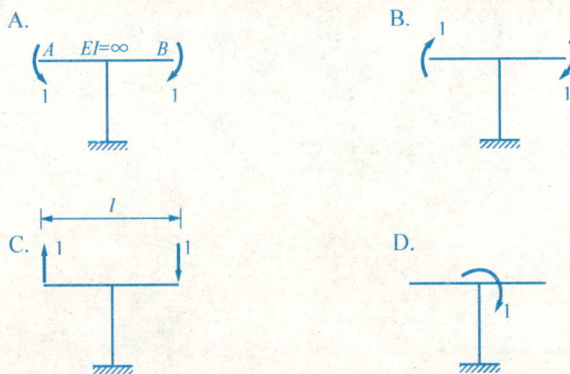

   A.

   B.

   C.

   D.

5. a、b 两种状态中（如下图所示），梁的转角 φ 与竖向位移 δ 间的关系为（   ）。

   A. $\delta = \varphi$
   B. δ 与 φ 关系不定，取决于梁的刚度大小
   C. $\delta > \varphi$
   D. $\delta < \varphi$

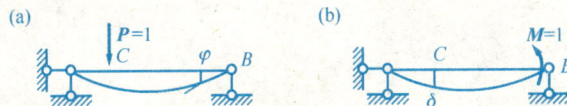

   (a)

   (b)

三、计算题

1. 用图乘法计算如图所示结构中各指定截面的位移。求：

(1) 图（a）跨中挠度及 A 端转角；（2）图（b）A 端转角。

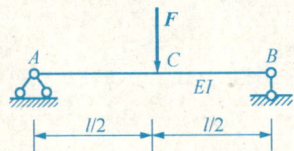

(a)

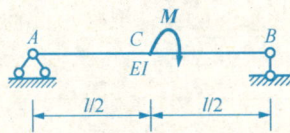

(b)

2. 求图示简支梁 C 截面的竖向位移 Δ_C^V 和 B 截面的角位移 θ_B。设 EI 为常数。

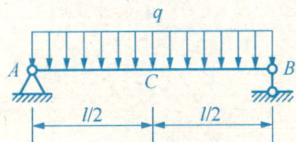

3. 求图示刚架 C 截面的水平位移 Δ_C^H 和角位移 θ_C。设 EI 为常数。

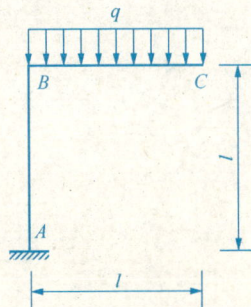

4. 求图示悬臂梁 K 截面的竖向位移透 Δ_K^V。

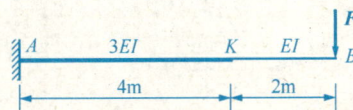

5. 求图示桁架中结点 C 的指定位移。设各杆 EA 均相同。求图中结点 C 的竖向位移 Δ_C^V。

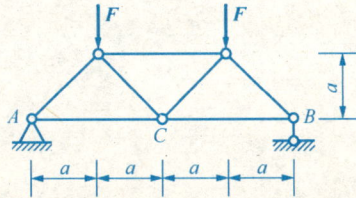

7. 试用图乘法求图示刚架指定截面的位移 Δ_B^V，θ_B，设 EI 为常数。

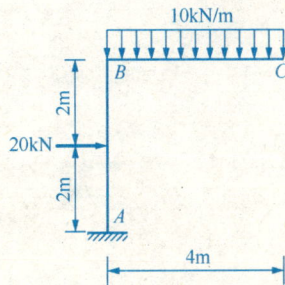

6. 试用图乘法求图示刚架指定截面的位移 Δ_C^H，θ_C，设 EI 为常数。

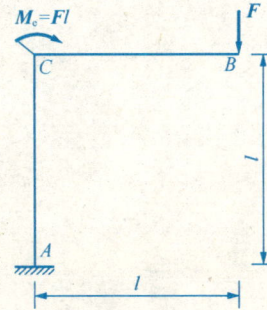

提 高 部 分

计算题

班级_____ 学号_____ 姓名_____

1. 试用图乘法求图示刚架指定截面的位移 Δ_B^H、θ_{CD}，设 EI 为常数。

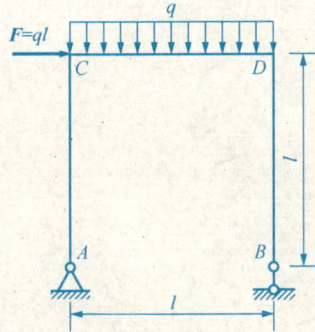

2. 试求图示刚架 C 点的竖向位移 Δ_{CV}，EI＝常数。

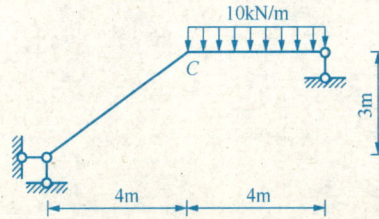

3. 试求图示刚架支座截面 C 的水平位移 Δ_{CH}，其中横梁截面惯性矩为 $2I$，竖柱为 I，$E=$常数。

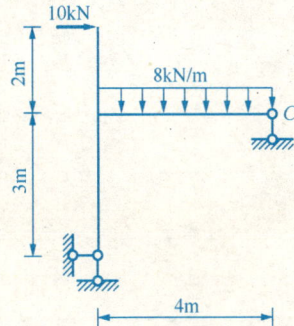

4. 求图示刚架中 A、B 两截面的相对转角。

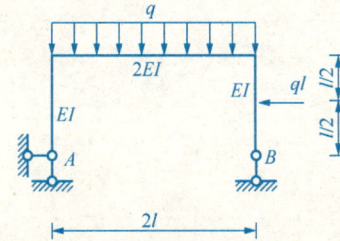

93

5. 求当图示结构发生所示支座位移时铰 A 两侧截面的相对转角 φ_A。

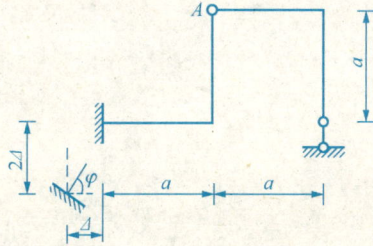

6. 求图所示桁架（$EA=$常数）中 A 点的竖向位移。

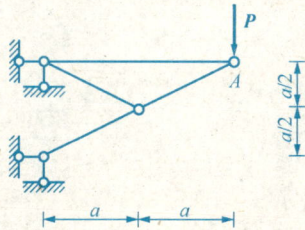

7. 图示三铰刚架，已知支座 A 发生了水平位移 a 和竖向位移 b，试求 B 端的转角 φ_B。

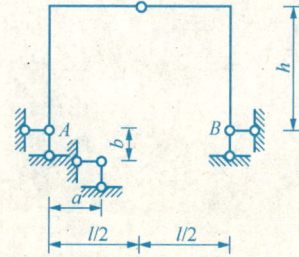

第14章 用力法计算超静结构

基 础 部 分

一、填空题

1. 超静定结构中必要联系的力可由_____条件求得，而多余联系中的力必需加_____条件才能求得。

2. 力法方程等号左侧各项代表_____，右侧代表_____。

3. 力法典型方程中，δ_{ii} 系数称为_____，其值必定为_____，其他系数 δ_{ij} 称为_____，其值可正、负或零。

4. 超静定梁发生支座位移时，用力法计算的力法方程形式与_____有关。

5. 如下图所示结构中支座 B 下沉 a，力法基本结构如图（b）Δ_{1C}，_____。

(a)

(b)

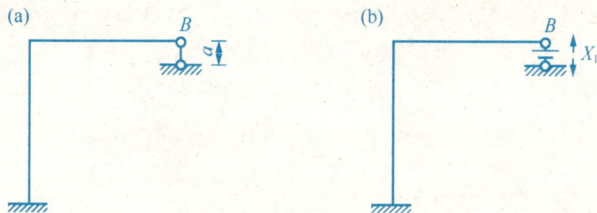

6. 如下图所示对称结构在正对称荷载作用下，铰 C 左侧截面的位移分量中，_____为零，_____不为零。

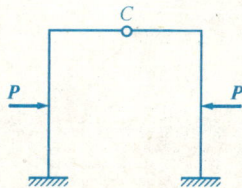

7. 如下图所示结构用力法计算时，至少有_____个基本未知量。EI=常数。

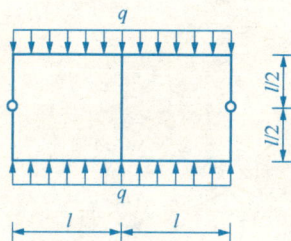

95

二、选择题

1. 超静定结构在支座移动作用下的内力和位移计算中，各杆的刚度应为（ ）。
   A. 均用相对值
   B. 内力计算用相对值，位移计算用绝对值
   C. 均必须用绝对值
   D. 内力计算用绝对值，位移计算用相对值

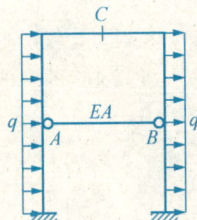

2. 如下图所示对称结构 $EI=$ 常数，中点截面 C 及 AB 杆内力应满足（ ）。
   A. $M\neq0$，$F_Q=0$，$F_N\neq0$，$F_{NAB}\neq0$
   B. $M=0$，$F_Q\neq0$，$F_N=0$，$F_{NAB}\neq0$
   C. $M=0$，$F_Q\neq0$，$F_N=0$，$F_{NAB}=0$
   D. $M\neq0$，$F_Q\neq0$，$F_N=0$，$F_{NAB}=0$

3. 如下图所示对称结构，其半结构计算简图为（ ）。

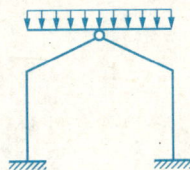

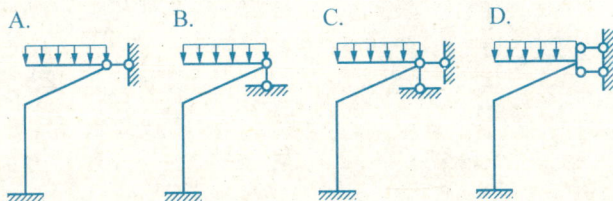

4. 如下图所示对称刚架，具有两根对称轴，利用对称性简化后的计算简图为（ ）。

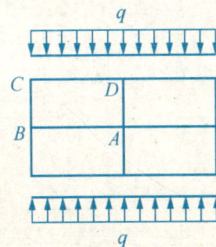

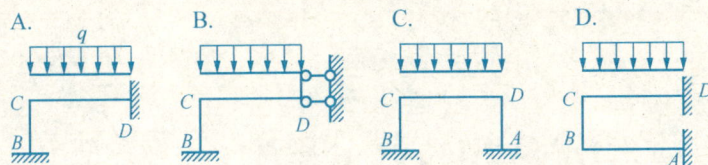

5. 如下图所示结构中 F_{RC} 与 M_E 的值为（ ）。
   A. $F_{RC}=0$，$M_E\neq0$ 　　B. $F_{RC}\neq0$，$M_E=0$
   C. $F_{RC}\neq0$，$M_E\neq0$ 　　D. $F_{RC}=0$，$M_E=0$

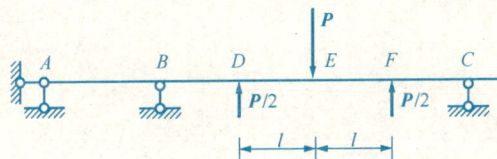

三、分析题

确定图示各结构的超静定次数。

(a)

(b)

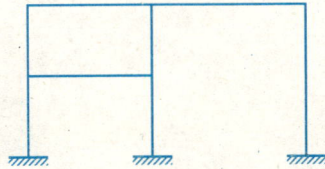

(c)

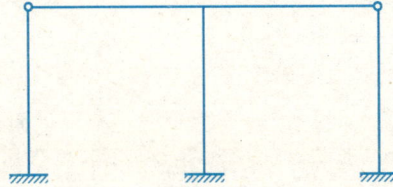

(d)

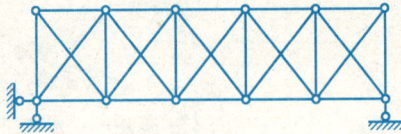

(e)

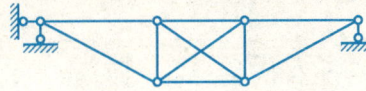

(f)

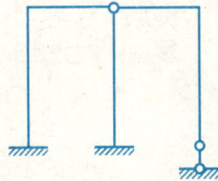

(g)

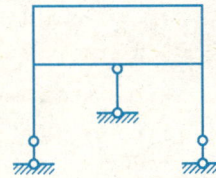

(h)

四、计算题

1. 用力法计算，并绘制图示结构的 M 图。

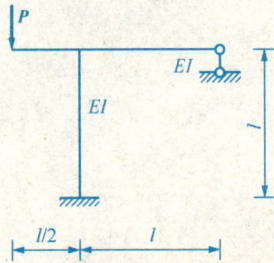

2. 用力法计算并绘制图示结构的 M 图。$EI=$常量。

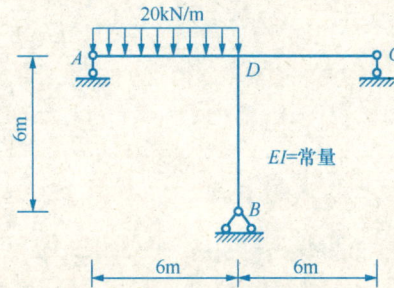

3. 用力法计算如图所示刚架，并绘制内力图，EI 为常量。

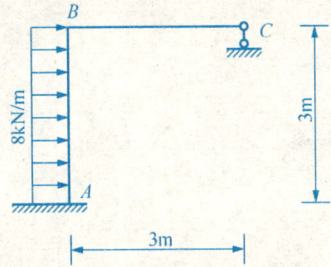

5. 用力法计算图示桁架杆 CB 的轴力，各杆 EA 相同。

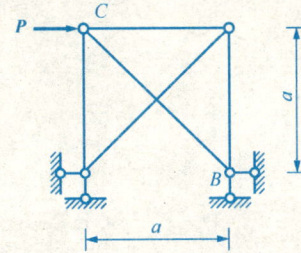

4. 用力法计算图示结构，并绘制 M 图。$EI=$ 常数。

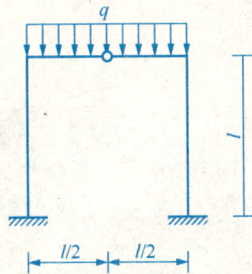

分析题
班级＿＿＿＿学号＿＿＿＿姓名＿＿＿＿

1. 确定如图所示各结构的超静定次数。

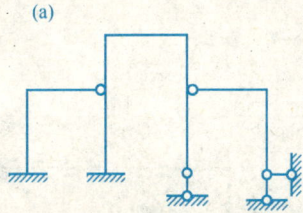

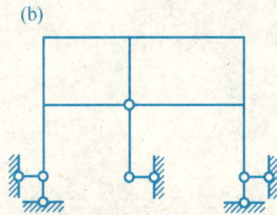

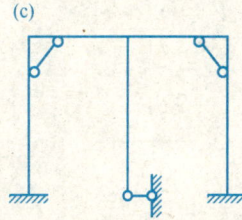

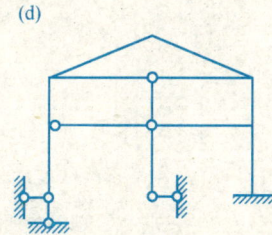

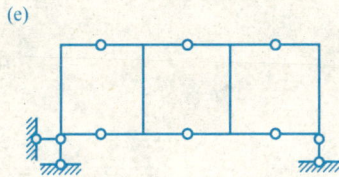

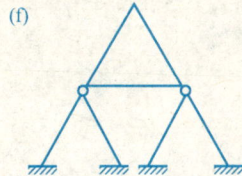

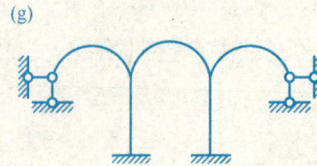

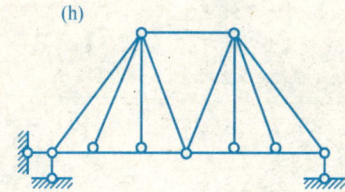

(a)

(b)

(c)

(d)

(e)

(f)

(g)

(h)

2. 用力法计算，并绘制图示结构的 *M* 图。*EI*＝常数。

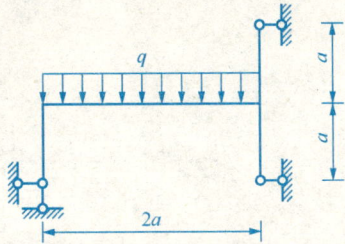

3. 用力法计算图示超静定梁，并绘制 *M* 图。*EI*＝常数。

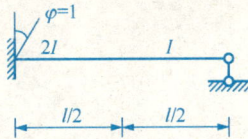

4. 用力法计算图示连续梁，并绘制 *M* 图。*EI*＝常数。

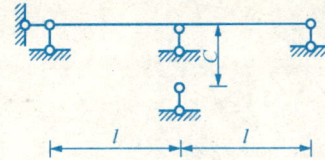

5. 用力法计算图示桁架（*EA* 均同）各杆轴力。

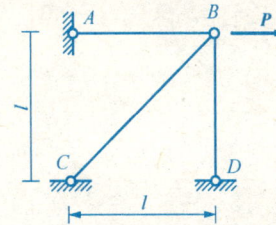

6. 用力法计算图示结构，并绘制 M 图。EI＝常数。

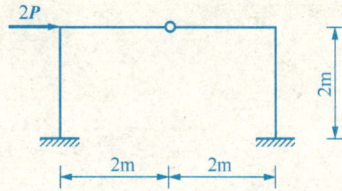

7. 用力法计算，并绘制图示结构的 M 图。EI＝常数。

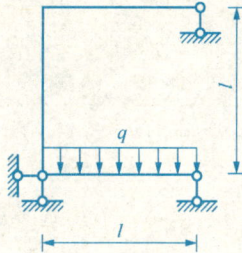

8. 试计算如图所示超静定桁架各杆的内力。各杆 EA 均相同。

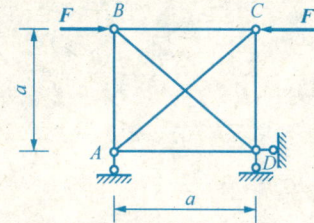

9. 绘制如图所示结构中 CD 梁的弯矩图，各杆 EI＝常数，立柱 AB 截面面积 $A＝I/l^2$。

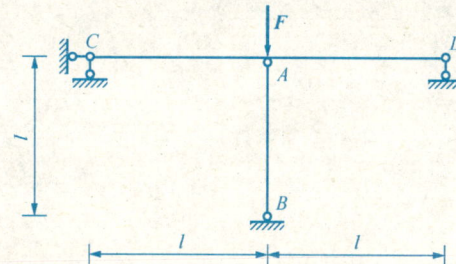

10. 利用对称性计算如图所示结构，绘制弯矩图，EI 为常量。

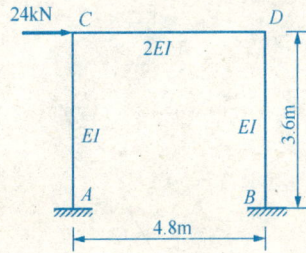

(a)

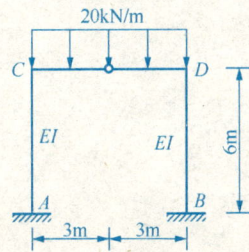

(b)

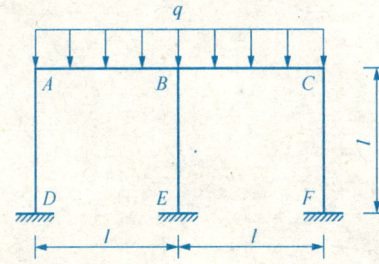

(c)

第 15 章　位移法和力矩分配法

基 础 部 分

一、填空题

班级_____学号_____姓名_____

1. 位移法的基本未知量是_____；位移法的典型方程反映了_____条件。

2. 位移法典型方程中系数 r_{ij} 的两个下标的含义：第一个表示_____，第二个表示_____。

3. 如下图所示刚架，各杆线刚度 i 相同，不计轴向变形，用位移法求得 $M_{AD} =$ _____ $M_{BA} =$ _____。

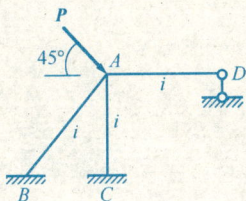

4. 若略去轴向变形影响，如下图所示结构支座 A 处的 $M_A =$ _____。（设各杆 $EI=$ 常数）

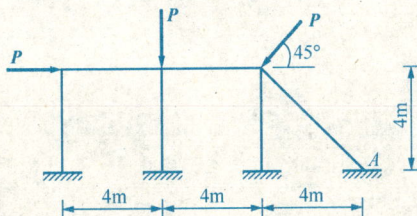

5. 如下图所示铰结排架，如略去杆件的轴向变形，当 A 点发生单位水平位移时，则 P 应等于_____。

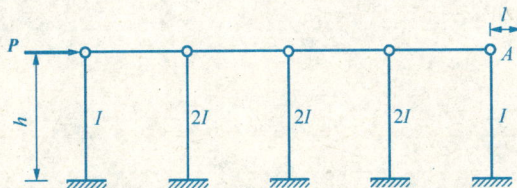

二、选择题

1. 在下图所示结构中，用位移法求解比较方便的结构为（　　　）。
   A. 图（a）、（c）和（d）
   B. 图（b）、（c）、（e）和（f）
   C. 图（a）、（e）和（f）
   D. 都不宜用位移法求解

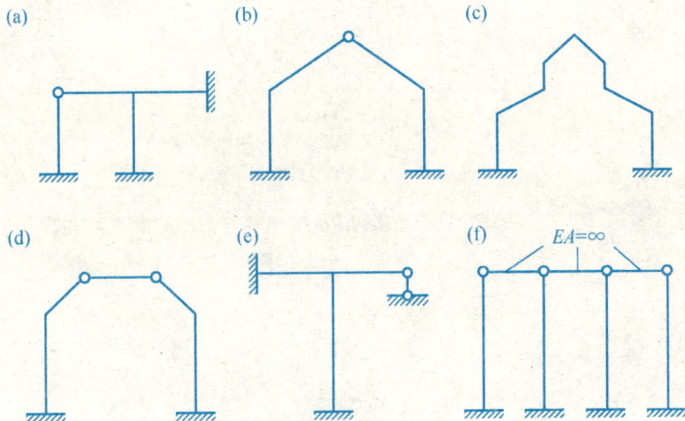

   (a)　　　　　　(b)　　　　　　(c)

   (d)　　　　　(e)　　　　　(f) $EA=\infty$

2. 如下图所示两端固定梁，设梁线刚度为 i，当 A、B 两端截面同时发生图示单位转角时，则杆件 A 端的杆端弯矩为（　　　）。
   A. i 　　　　　　　　　B. $2i$
   C. $5i$ 　　　　　　　　D. $6i$

   $\varphi_A=1$ 　　　$\varphi_B=1$
   A 　　　i 　　　B

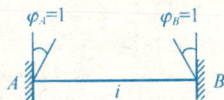

3. 若计入轴向变形，如下图所示结构的位移法基本未知量数目是（　　　）。
   A. 3 　　　　　　　　　B. 4
   C. 5 　　　　　　　　　D. 6

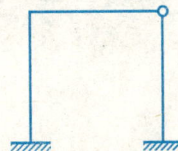

4. 如下图所示结构，用位移法或力法计算时，两种情形未知数数目的对比为（　　　）。
   A. 4 与 9 　　　　　　　B. 3 与 8
   C. 4 与 8 　　　　　　　D. 3 与 9

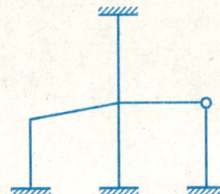

5. 计算刚架时，位移法的基本结构是（　　　）。
   A. 超静定铰结体系
   B. 单跨超静定梁的集合体
   C. 单跨静定梁的集合体
   D. 静定刚架

6. 如下图所示结构汇交于 A 的各杆件转动刚度之和为 $\sum S_A$，则 AB 杆 A 端的分配系数为（　　）。

A. $\mu_{AB} = 4i_{AB}/\sum S_A$　　　　　B. $\mu_{AB} = 3i_{AB}/\sum S_A$

C. $\mu_{AB} = 2i_{AB}/\sum S_A$　　　　　D. $\mu_{AB} = i_{AB}/\sum S_A$

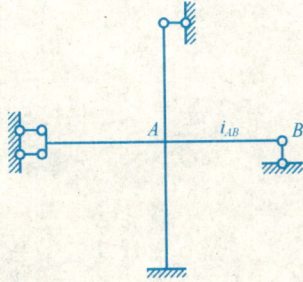

7. 用力矩分配法计算如下图所示结构时，BD 杆端的分配系数 μ_{BD} 是（　　）。

A. 1/11　　　B. 4/13　C. 4/11　　　D. 3/16

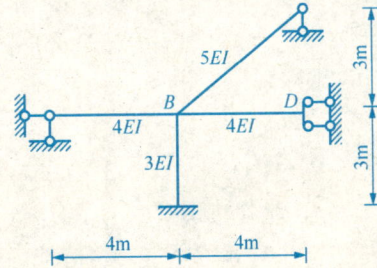

三、计算题

1. 试计算下列各结构用位移法解时的基本未知数的数目。

(a)

(b)

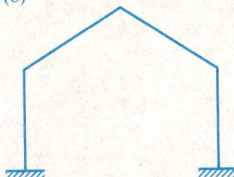

(c)

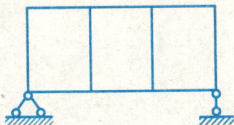

(d)

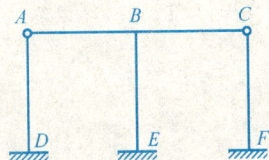

(e)

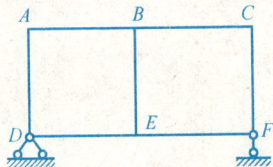

(f)

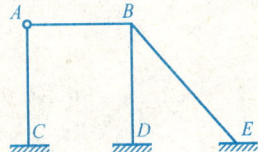

2. 作图示结构弯矩图，B 点转角 φ_1；已知位移法方程中系数 $r_{11}=17$，$R_{1P}=0$，括号内数字为各杆线刚度的相对值。

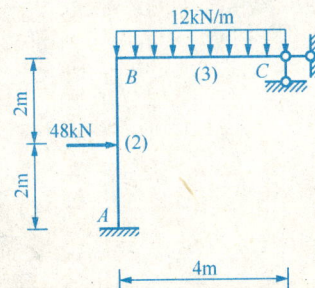

107

3. 用位移法计算，绘最后 M，F_Q，F_N 图。

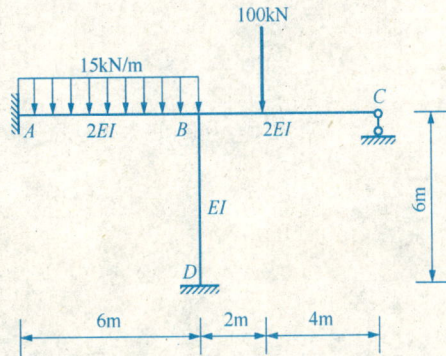

4. 用位移法计算图示结构，并绘制 M 图。

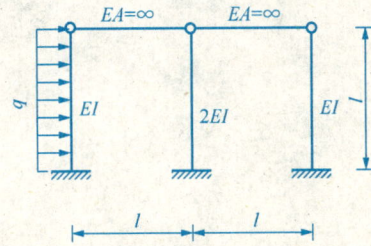

5. 用位移法计算图示对称结构，并绘制 M 图。各杆 EI＝常数。

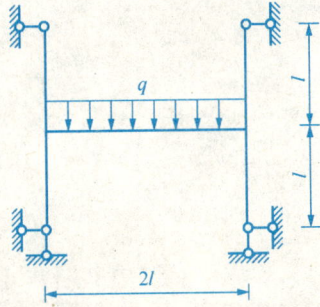

6. 计算图所示连续梁的力矩分配系数和固端弯矩。EI＝常数。

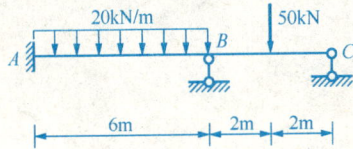

7. 计算图示刚架的力矩分配系数和固端弯矩。

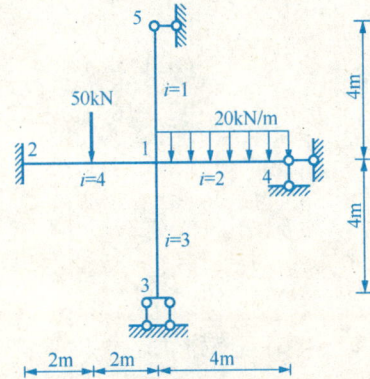

计算题

1. 用力矩分配法计算，绘最后弯矩图。

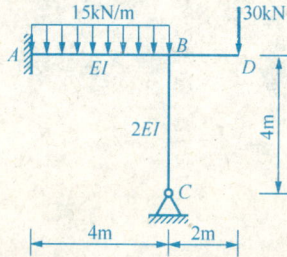

2. 用位移法计算，绘最后 M 图。

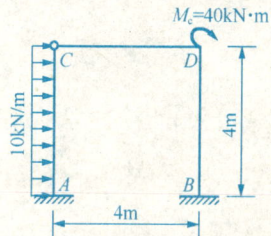

3. 计算图所示刚架的力矩分配系数和固端弯矩。$EI=$常数。

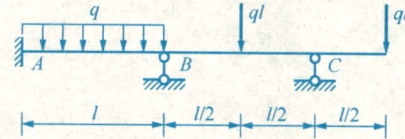

4. 用力矩分配法计算图示连续梁，并绘制弯矩图。（计算二轮）

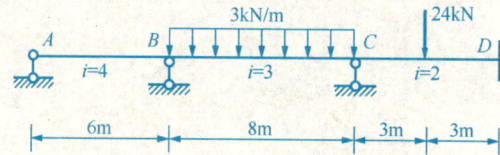

110

5. 用位移法计算，绘最后 M 图。

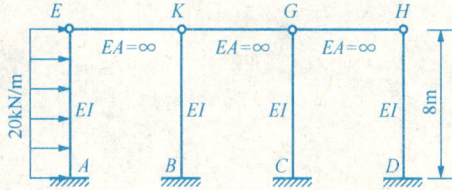

7. 用力矩分配法计算，绘最后弯矩图。

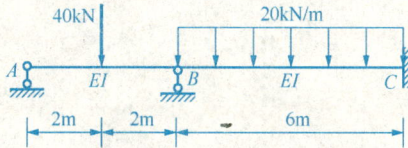

6. 用力矩分配法计算，绘最后弯矩图。

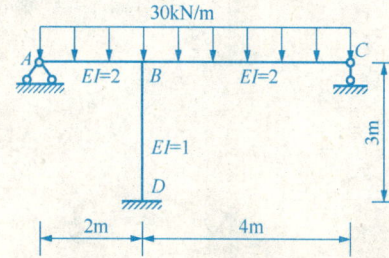

8. 用力矩分配法计算，绘最后弯矩图。

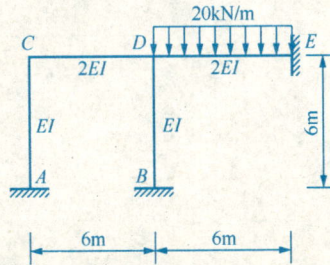

10. 利用对称性，用力矩分配法计算，作 M 图。

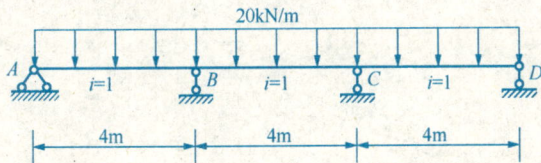

9. 利用对称性，用力矩分配法计算，作 M 图。

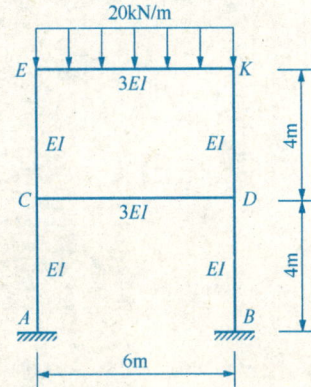

第 16 章 影响线及其应用

基础部分

班级_____ 学号_____ 姓名_____

一、填空题

1. 如下图（b）是图（a）结构_____截面的_____影响线。

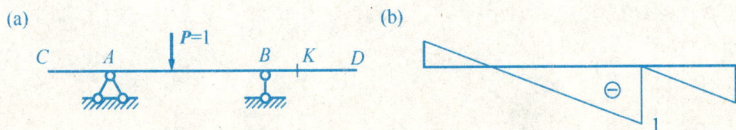

(a)

(b)

2. 如下图（b）是图（a）的_____影响线。竖标 y_D 是表示 $P=1$ 作用在_____截面时_____的数值。

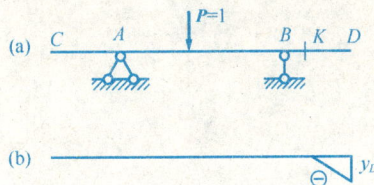

(a)

(b)

3. 如下图所示连续梁支座 B 发生最大反力时的最不利均布活载位置是在_____跨度内布满活载。

4. 如下图所示结构 M_E 影响线 C 点的竖标为_____。

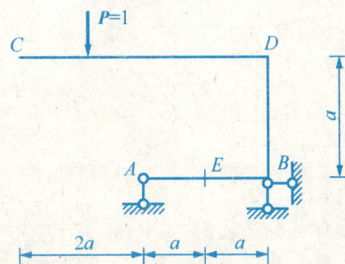

5. 结构 M_C、F_{QC} 影响线形状如下图所示，A 处竖标分别为_____、_____。

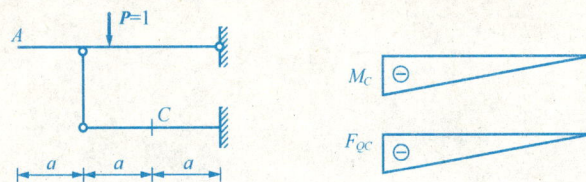

6. _____的内力影响线均由直线段组成。而_____的内力影响线则由曲线组成。

113

1. 如下图所示结构 M_C 影响线已作出如图所示，其中竖标 y_E 是（　　）。

   A. $P=1$ 在 E 时，D 截面的弯矩值

   B. $P=1$ 在 C 时，E 截面的弯矩值

   C. $P=1$ 在 E 时，B 截面的弯矩值

   D. $P=1$ 在 E 时，C 截面的弯矩值

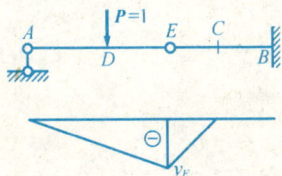

2. 如下图所示结构支座反力 R_C 的影响线形状应为（　　）。

   A.　　　　　　　　　　　　　　　　B.

   C.　　　　　　　　　　　　　　　　D.

3. 如下图所示结构 F_{QK} 影响线已作出如图所示，其中竖标 y_C 是（　　）。

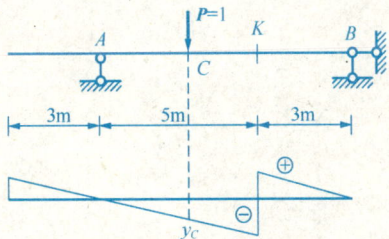

4. 绘制影响线时，每次只能研究（　　）。

   A. 某一支座的支座反力

   B. 某一截面上的内力

   C. 某一截面上的位移

   D. 结构上某处的某一量值（某一反力、某一内力或某一位移），随单位移动荷载 $P=1$ 的移动而发生变化的规律

   A. $P=1$ 在 C 时，C 截面的剪力值

   B. $P=1$ 在 C 时，K 截面的剪力值

   C. $P=1$ 在 C 时，B 左截面的剪力值

   D. $P=1$ 在 C 时，A 右截面的剪力值

5. 如下图所示梁在移动荷载作用下，使截面 K 产生最大弯矩的最不利荷载位置是（　　）。

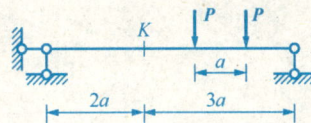

   A.　　　　　　　　　　　　　　　　B.

   C.　　　　　　　　　　　　　　　　D.

6. 如下图所示简支梁在移动荷载作用下，使截面 C 产生最大弯矩时的临界荷载是（　　）。

A. 7kN　　　　　B. 3kN　　　　　C. 10kN　　　　　D. 5kN

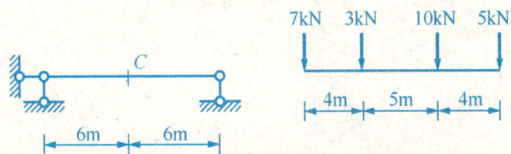

7. 如下图示连续梁欲使 F_{QK} 出现最大值 F_{QKmax}，均布活荷载的布置应为（　　）。

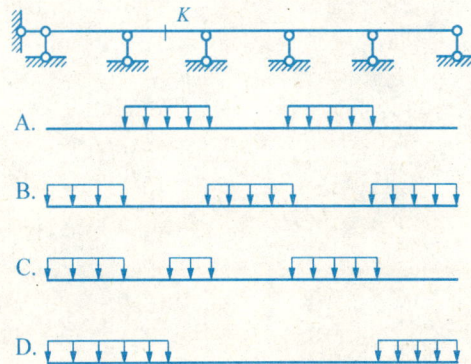

A.

B.

C.

D.

115

1. 简支梁在 $q=30kN/m$ 作用下，利用影响线求 M_C、F_{QC} 值。

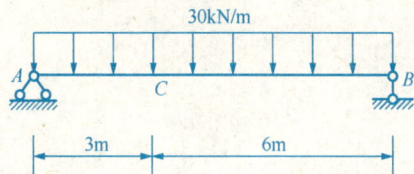

30kN/m

A   C   B

3m   6m

2. 在图示荷载作用下，利用影响线求 M_C、F_{QC} 值。

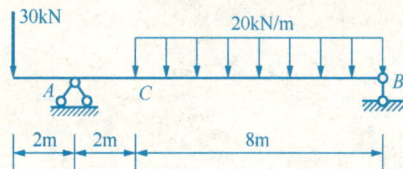

30kN   20kN/m

A C   B

2m 2m   8m

3. 利用 M_C 影响线求图示梁在给定荷载作用下截面 C 的弯矩 M_C 值。

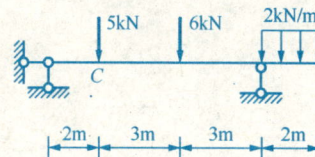

5kN   6kN   2kN/m

C

2m   3m   3m   2m

4. 求如图所示简支梁在所给移动荷载作用下截面 C 的最大弯矩。

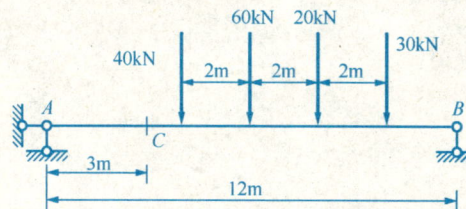

60kN 20kN

40kN   2m   2m   2m   30kN

A   C   B

3m

12m

5. 分别用静力法和机动法作如图所示多跨梁指定处所指定量值的影响线。

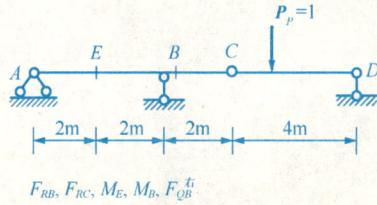

$P_P=1$

E   B   C   D
A

2m   2m   2m   4m

$F_{RB}, F_{RC}, M_E, M_B, F_{QB}^{左}$

(a)

$P_P=1$

D   B   E   C
A

2m   3m   1.5m   1.5m

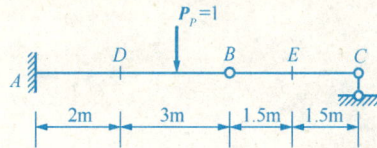

$F_{RA}, F_{RB}, M_D, F_{QD}, M_E, F_{QE}$

(b)

6. 简支梁在图示移动荷载作用下，$F=82\text{kN}$。求 F_A、M_C、F_{QC} 的最大值。

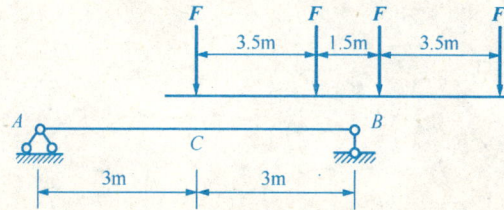

F F F F

3.5m   1.5m   3.5m

A   C   B

3m   3m

提 高 部 分

计算题

班级_____ 学号_____ 姓名_____

1. 作图示梁的 R_B、$F_{QB左}$ 影响线。

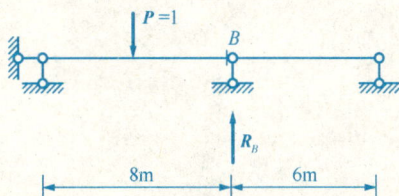

3. 作图示结构的 M_C、F_{QF}；影响线。设 M_C 以左侧受拉为正。

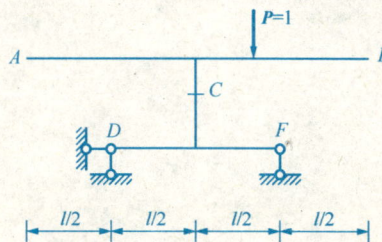

2. 作图示结构 $F_{QC左}$ 影响线。

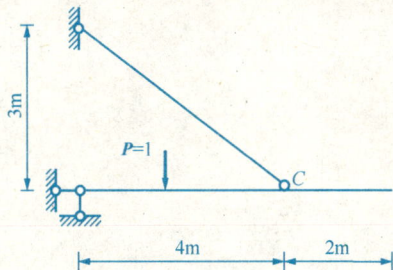

4. 作图示结构 M_K 影响线。$P=1$ 沿 AB 移动。（下侧受拉为正）

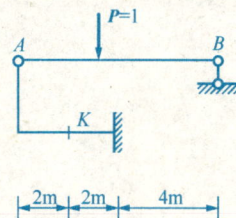

5. 当 $P=1$ 沿 AC 移动时，作图示结构中 R_B、M_K 影响线。

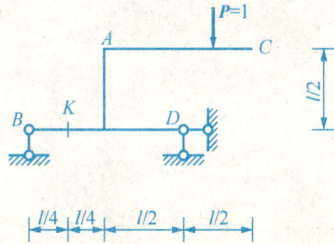

6. 绘斜梁 F_{RA}、F_{RB}、M_C、F_{QC} 的影响线。

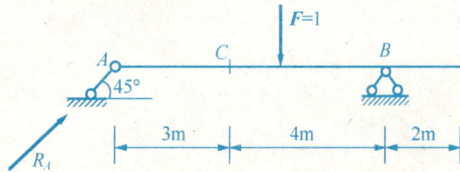

7. $F=1$ 在 ABC 上移动，绘 F_{NBD}、M_E、F_{QE}、M_B、F_{QB} 的影响线。

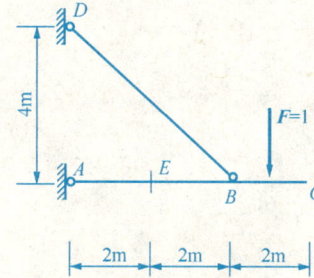

8. 分别用静力法和机动法作如图所示外伸梁指定处所指定量值的影响线。

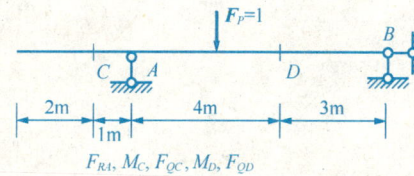

F_{RA}, M_C, F_{QC}, M_D, F_{QD}

9. 如图所示一坞墙顶吊车轨道梁，试求吊车荷载作用下梁的绝对最大弯矩。

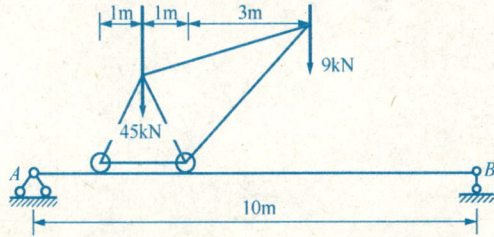

10. 在图示结构移动荷载作用下，求截面 C 弯矩的最大值。（考虑左行、右行两种情况）

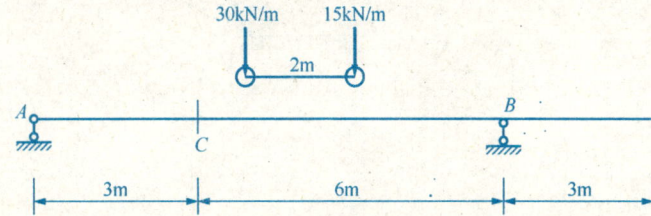